U0251057

本书编委会

2019年江苏省主题出版重点出版物

太湖

太湖治理十年纪

江 苏 省 生 态 环 境 厅
江苏省住房和城乡建设厅
江 苏 省 水 利 厅 编著
江 苏 省 农 业 农 村 厅

江苏人民出版社

图书在版编目（CIP）数据

太湖治理十年纪／江苏省生态环境厅等编著. 一南京：
江苏人民出版社，2019.10
ISBN 978 - 7 - 214 - 23896 - 2

Ⅰ. ①太… Ⅱ. ①江… Ⅲ. ①太湖—流域—水环境—
综合治理—成就 Ⅳ. ①X143

中国版本图书馆 CIP 数据核字（2019）第 168215 号

书　　　　名	太湖治埋十年纪
编　著　者	江苏省生态环境厅　　江苏省住房和城乡建设厅 江苏省水利厅　　　　江苏省农业农村厅
责任编辑	陈　颖
责任校对	黄　山
封面设计	徐立权
责任监制	陈晓明
出版发行	江苏人民出版社
出版社地址	南京市湖南路 1 号 A 楼，邮编：210009
出版社网址	http://www.jspph.com
照　　排	江苏凤凰制版有限公司
印　　刷	江苏凤凰通达印刷有限公司
开　　本	718 毫米×1000 毫米　1/16
印　　张	16.25　插页 2
字　　数	190 千字
版　　次	2019 年 10 月第 1 版　2019 年 10 月第 1 次印刷
标 准 书 号	ISBN 978 - 7 - 214 - 23896 - 2
定　　价	48.00 元

（江苏人民出版社图书凡印装错误可向承印厂调换）

目　录

引　子

　　"太湖天下秀"。2400 平方公里水面,48 岛、72 峰,湖光山色,相映生辉,烟波浩渺,鱼虾成群。"苏常熟,天下足",37000 平方公里的流域,沃土遍野,才俊辈出,这里自古就是中国的鱼米之乡和人间天堂。唐代文学家韩愈曾说:"当今赋出于天下,江南居十九。"无锡、苏州等沿湖城市更是我国近代民族工商业的发祥地,在 19 世纪末 20

春到鼋头渚　吴惠平摄

世纪初,粮食加工、棉纺、缫丝和机械等工业破土而出,化茧成蝶。改革开放以来,苏南太湖流域现代化建设更是发展迅猛,成为中国最富有生机活力、经济最为发达、生活最为富裕的地区之一。

在太湖流域经济总量快速增长的同时,也带来了环境污染和生态破坏。随着流域内产业密度和人口密度不断增大,粗放型经济增长、产业结构不合理等因素导致污染物排放量长期处于上升趋势,太湖流域水质逐年下降,水体自净能力差,富营养化程度较高,生态压力总体上日益加重,流域生态环境日益脆弱,终于导致了2007年无锡水危机事件。

太湖风光

太湖水污染引起国家和流域省份的高度关注。国家发改委联合13个部委成立太湖流域水环境综合治理省部际联席会议,牵头编制并经国务院同意印发了太湖水环境综合治理总体方案。江苏省委、省政府进一步充实太湖水污染防治委员会职责,成立专门机构,协调推进治太工作,制定江苏省太湖水污染治理实施方案,确立了铁腕治污、科学治太的原则。通过长期不懈努力,江苏不断把太湖治理向纵深推进,太湖治理取得明显成效。2018 年,在苏锡常三地总人口、GDP 之和较 2007 年分别增长 8% 和 225% 的背景下,太湖流域水质持续改善,湖体水质从 2007 年的 V 类改善为 IV 类;15 条主要入湖河流中有 11 条年平均水质达到或优于 III 类,其余 4 条为 IV 类;太湖连续 11 年实现确保饮用水安全、确保不发生大面积湖泛的"两个确保"目标。

第一节　太湖流域自然经济社会概况

太湖是我国第三大淡水湖,也是长江中下游五大淡水湖之一。湖岸线全长 393.2 公里,湖泊面积 2428 平方公里,水域面积 2338.1 平方公里,流域总面积 3.68 万平方公里。平均水深 1.9 米,深水区一般在 3 米以下,蓄水量 44.3 亿立方米,多年平均入湖水量 76.6 亿立方米,换水周

太湖美景

期约 300 天,环湖出入湖河流共有 191 条,其中入湖河流约占 60%。太湖是长三角地区战略水源地,江苏有 8 个水源地在太湖,年取水量 12 亿立方米,占全省的 22.2%,服务人口 623 万人;上海、浙江部分地区经太浦河取太湖水作为重要水源。太湖的生态安全、防洪安全,

涉及全国大局,至关重要。

太湖的形成原因主要有大江淤积的"潟湖说"、地壳新构造运动的"构造说"、古代数千年间持续大暴雨的"气象说"、大风暴流涡动的"风暴流说"、入海河道泥沙淤积的"河流淤塞说"、岩浆火山活动的"火山喷爆说"、陨石撞击和彗星爆炸的"陨击说",等等。春秋战国以前,太湖地区原是陆地的冲积平原。唐代时湖水可达吴江塘岸。苏州的东山与木渎之间泥沙淤积,滩地扩展,至清代中期,岛与沙洲相接,使东太湖成为太湖的一大湖湾。近一二百年来,因东太湖东岸和西北岸淤积加重,加之围垦湖滩地,东太湖实际上已成为一个狭长的浅涧湖区。近代太湖的变迁以东太湖地区最为突出。20世纪六七十年代,太湖及其周围湖群,因围湖种植和围湖养殖,湖泊面积减少13.6%,消失或基本消失的湖荡有165个,合计面积161平方公里。

太湖流域古称震泽、具区,又名五湖、笠泽,位于长江三角洲南部,北滨长江,南濒钱塘江,东临东海,西以天目山、茅山等山区为界。在流域总面积中,平原占4/6、水面占1/6、丘陵和山地占面积1/6。地形特点为周边高、中间低,中间为平原、洼地,包括太湖及湖东中小湖群,西部为天目山、茅山及山麓丘陵。北、东、南三边受长江和钱塘江入海口泥沙淤积的影响,形成沿江及沿海高地,整个地形成碟状。这一地区位于中纬度,属湿润的北亚热带和中亚热带气候区,具有明显的季风气候特征。气候四季分明。无霜期长,雨水丰沛。冬季有冷空气入侵,多偏北风,寒冷干燥;春夏之交,暖湿气流北上,冷暖气流遭遇形成持续阴雨,称为"梅雨",易引起洪涝灾害;盛夏受副热带高压控制,天气晴热,此时常受热带风暴和台风影响,形成暴雨狂风的灾害天气。流域年平均气温15—17℃,自北向南递增。多年平均降雨量为 1181 mm,其中 60% 的降雨集中在 5—9 月。降雨年内年际变化较大,最大与最小年降水量的比值为 2.4 倍;而年径流量年际变化更大,最大与最小年径流量的比值为 15.7 倍。自然植被主要分布于丘陵、山地。丘陵山地的现存自然植被,从北向南植被组成与类型渐趋复杂,长绿树种逐渐增多。北部为北亚热带地带性植被落叶与常绿阔叶混交林,宜溧山区与天目山区均有中亚热带常绿阔叶林分布,但宜溧山区的常绿阔叶林含有不少落叶树种,不同于典型的常绿阔叶林。由于气候地带性变化的影响,太湖流域丘陵山区的地带性土壤相应为亚热带的黄棕壤与中亚热带的红壤。非地带性土壤有 3 类,其中滨海平原盐土分布于杭州湾北岸与上海东部平原;冲积平原草甸土分布于沿江广大的冲积平原;沼泽土分布于太湖平原湖群的沿湖低地。耕作土壤主要为水稻土。

1949 年中华人民共和国成立后,太湖流域的行政区域分属江苏、浙江、安徽和上海三省一市,流域内分布有上海、苏州、无锡、常州、镇江、杭州、嘉兴、湖州等大中城市。太湖在江苏省内有苏州、无锡、常州三市,以及镇江市的丹阳市、句容市和南京市的高淳区、溧水区,其流域面积为 1.93 万平方公里,占流域总面积的 52.6%;在浙江、上海和安徽的流域面积分别占 32.8%、14.0% 和 0.6%。2018 年,太湖流域常住人口 2521.92 万人,人口密度 1173 人/平方公里,地区生产总值 41136.39 亿元,三次产业增加值比例为 1.5∶47.7∶50.8。流域人口占全国的 4.4% 左右,地区生产总值占全国的 10% 左右,是我国人口密度最大、城镇化程度最高、工农业生产最发达的地区之一。江苏省太湖流域五市以占全省 23.1% 的土地面积,承载了全省 41.9% 的人口,创造了全省 58.3% 的经济总量和 63.3% 的一般公共预算收入。

第二节　太湖流域水环境治理历史回顾

20 世纪 80 年代苏南乡镇工业快速发展,使许多河段水质受到影响,导致 20% 的水域受到不同程度的污染,部分地表水已不适合饮用。从 20 世纪 80 年代末,太湖湖体富营养化日益严重,开始暴发较大面积蓝藻,太湖水质局部恶化到 Ⅳ 和 Ⅴ 类。1990 年、1994 年、1995 年、2000 年,太湖蓝藻多次大规模暴发。"十五"初期,太湖流域水体水质基本上以 Ⅴ 类和劣 Ⅴ 类为主,水污染超标率平均为 82%。2007 年 5 月,梅梁湖、贡湖蓝藻大规模暴发,导致小湾里水厂、贡湖水厂原水恶臭,无锡市部分地区断水长达一个星期左右,几十万人口无水可用。

太湖流域的生态环境保护和污染治理从"九五"开始就列入国家"三河三湖"流域水污染防治工作重点,先后经历过"九五"、"十五"和"十一五"三个阶段。[①] 第一阶段(1995—2000 年)以工业污染治理为主,国家制定了《太湖水污染防治"九五"计划及 2010 年规划》,提出到 2000 年实现"太湖水体变清"的目标,要求江苏省建设 41 项城镇污水处理设施,开展 8 项综合治理行动计划。"九五"期间,综合治理理念并没有得到很好落实,实际工作还是以工业污染事后治理为主,"太湖水体变清"目标并没有实现。第二阶段(2001—2005 年)以工业、城镇污染治理为主,国家制定了《太湖水污染防治"十五"计划》,要求江苏省建设 9 大类 176 项综合整治工程。与"九

---

① 本节以下内容参见朱玫《铁腕治污　科学治太——江苏省太湖流域体制机制实践探索》,南京:江苏人民出版社 2015 年版。

2012 年,太湖湖体从中度富营养状态进入轻度富营养状态

五"相比,"十五"城镇污染治理进展较快,部分地区综合整治也取得明显成效,项目完成率较高。但对照"十五"计划水质目标,虽然湖体基本达到要求,主要环湖河流出入湖断面水质达标率为 61.9%,但主要河流交界断面水质达标率仅为 53.3%。第三阶段(2006 年至今)是流域综合治理阶段,国家制定了《太湖流域水环境综合治理总体方案》,提出 2012 年和 2020 年近远期目标。2007 年无锡水危机事件发生后,党中央、国务院要求下决心根治太湖水污染问题,努力让太湖这颗"江南明珠"重现碧波美景。到 2012 年底,90% 以上的治理工程已建成投运,太湖水环境向好趋势已现端倪,除总氮外,各项指标均提前实现 2012 年目标。太湖湖体综合营养状态指数从 2007 年的 62.3 下降到 56.8,由中度富营养状态进入轻度富营养状态;主要污染物高锰酸盐指数、氨氮、总磷等 3 项考核指标分别处于 Ⅱ 类、Ⅱ 类和 Ⅳ 类,较 2007 年分别下降 17%、75%、37% 左右;总氮虽仍处于劣 Ⅴ 类,但较 2007 年下降 22% 左右。15 条主要入湖河流水质改善

明显,劣Ⅴ类河流较 2007 年减少 9 条。至 2018 年,江苏省已连续 11 年实现国务院要求的"确保饮用水安全、确保不发生大面积湖泛"治太目标,太湖湖体水质从 2007 年的Ⅴ类改善为Ⅳ类,综合营养状态指数从 62.3 下降为 56,同比下降 0.8,从中度富营养状态降至轻度富营养状态。国家考核指标中,高锰酸盐指数为 3.9 mg/L、氨氮为 0.16 mg/L,年均浓度均处于Ⅱ类;总磷年均浓度为 0.087 毫克/升,处于Ⅳ类;总氮年均浓度为 1.38 毫克/升,处于Ⅳ类,四个指标分别较 2007 年下降 13.3%、82.5%、14%、51.7%。15 条主要入湖河流中,有 11 条年均水质符合Ⅲ类,占 73.3%;其余 4 条河流水质为Ⅳ类,水质同比稳定(2007 年有 8 条为劣Ⅴ类、4 条Ⅴ类)。列入省政府目标考核的太湖流域 137 个重点断面水质达标率为 94.2%,同比上升 9.5 个百分点。

"九五"至今,太湖流域水污染防治工作经历了三个转变:一是从应急性治理转向综合整治。20 世纪 90 年代中期,为了遏制急剧恶化的水质,突击进行了一些水质达标行动,如 1998 年太湖零点行动和 2000 年太湖水体变清行动等,以治理污染严重的工业为主,希望通过应急性的活动实现水质改善,但收效甚微。从 2000 年开始工作重心转移,从工业污染治理为主到工业、生活、农业等污染防治并重,从单一的治污到治污与生态恢复并举,注重环保基础设施建设、生态建设,逐步走上了综合整治的道路。二是从末端治理到源头控制。"九五"以前工业污染控制主要停留在末端污染治理,但"治污"的速度跟不上"制污"的速度。2000 年以来注重推进产业结构调整,通过关停并转迁等手段,淘汰一批化学制浆造纸、化工、酿造、制革等污染严重、工艺落后的产业,鼓励引进高科技、低污染、少耗能的高新产业,逐步引导地区产业的升级换代,从源头控制工业污染。三是从以行政手段为主的治理到积极发挥市场经济手段在治污中的作用。"九五"期间还主要依靠行政、法律、宣传教育等手段治理污染,进入"十五",重点流域治理开始注重经济手段的作用。陆续出台有关政策,鼓励社会资本进入市政公用事业领域,开征并逐步提高污水处理费,污水处理行业经历了"保本"到"保本微利",再到"保本有利"的阶梯发展。在政策创新的指引下,各地出现了大量 BOT、BT 等新的建设、运营方式,突破了资金短缺的瓶颈,城市污水处理设施建设进展明显加快。

纵观三个阶段的治太工作,前两个以突击性、运动性治理为主,治污范围较窄,治污速度落后于环境污染和生态破坏速度,流域水质进一步恶化。第三个阶段,尤其 2007 年无锡水危机事件,是太湖治理工作的分水岭:在治太认识上,深刻意识到环境问题归根到底是经济结构、生产方式和发展模式问题,因此,社会对太湖治理的长期性、复杂性、艰巨性取得了共识;在治理措施上,从点源治理单打独斗到综合治理组合拳,从工业、城镇覆盖到农业、农村等社会各个治理领域;在工作方式上,从环保等少数部门孤军奋战为主转入多个部门联合作战,形成了团结治太的良好局面。太湖治理全面步入多元化综合治理阶段,投入明显加大,治理工程明显加快,水环境质量明显改善。这一期间,江苏强力推进太湖水环境治理的主要做法有:

坚持依法治太。深入贯彻实施《中华人民共和国水污染防治法》,全面加强太湖水污染防治工作。首先,实行水环境保护目标责任制和考核评价制度。每年江苏省政府与太湖流域 5 市政府签订太湖治理目标责任书,将水质目标分解到地方政府,并由省政府组织考核通报。其次,执行更严地方环境标准。2007 年颁布实施《太湖地区城镇污水厂及重点工业行业主要水污染物排放限值》,2018 年进行修订;2011 年出台《太湖流域池塘养殖水排放标准》,2018 年进行修订,倒逼排污单位提标改造,从源头削减污染物排放。再次,制定水污染防治规划。坚持规划引领,出台太湖治理省实施方案、太湖治理"十三五"行动计划、打好太湖治理攻坚战实施方案等规划,明确水质达标期限、总量削减任务和工程项目,并抓好组织实施。最后,建立流域水环境保护联合协调机制。成立江苏省太湖水污染防治委员会、江苏省防控太湖蓝藻应急处置工作领导小组和太湖水污染防治专家委员会。此外,江苏省人大常委会于 2007 年 9 月修订《江苏省太湖水污染防治条例》,并于 2010 年、2012 年和 2018 年 3 次对条例进行修正,提升建设项目安全环保标准,实施污染物减量替代,从源头促进流域结构调整与主要污染物减排。

健全应急防控体系。江苏省委、省政府高度重视太湖安全度夏工作,出台蓝藻暴发和湖泛防控两个应急预案,省领导每年现场视察指导和部署应急防控工作。各地和省有关部门密切配合,协同治太,细化完善年度应急防控实施方案。首先,抓好责任落实。制定实施应急预案,细化完善年度应急防控实施方案,逐项明确任务分工,并加大力度检查推进各项措施落实到位。其次,确保供水安全。全面构筑起从水源地到"水龙头"的安全屏障,以太湖为水源的城市基本实现"双源供水"和自来水深度处理,实施原水至出厂水全流程、高频次水质检测,各水厂出厂水质全面达到或优于国家标准。2018年,太湖流域 27 个饮用水源地安全供水达 26 亿立方米。再次,防控蓝藻湖泛。实时监控水情藻情变化,利用远程监控、无人机等手段开展巡查。提升蓝藻打捞处置能力,2018 年打捞蓝藻 186 万吨、水草7.2 万吨,自 2007 年起累计打捞蓝藻 1000 多万吨,基本实现"专业化队伍、机械化打捞、工厂化处理、资源化利用"。开展全湖底泥监测,将水质异常发生区域纳入清淤方案,累计完成清淤约3900万立方米,其中2018年完成清淤80万立方米,并适时实施引江济太,2018年调引江水8亿立方米、入湖3.3亿立方米,有效减少了湖体内源污染。

着力长效治理。持续开展工业点源、城镇生活污水和农业面源污染治理,推动流域经济转型升级。首先,深化工业污染防治,累计关闭化工企业5000余家,关停印染、电镀、造纸等重污染及不能达标排放企业1000余家,促进了环境保护和节能减排,腾出了环境容量和土地空间,苏南地区战略性新兴产业年产值已超3万亿元。其次,加快治污设施建设,2018年,太湖流域新增污水管网2.5万公里,新增污水处理能力25.5万立方米/日,污水处理总能力达848万吨/日,是2007年的2.6倍,建制镇实现污水处理设施、区域供水和生活垃圾运转处理"三个全覆盖"。再次,加强农业面源污染治理。出台加快推进太湖流域生态农业建设的意见,推进一级保护区畜禽养殖禁养区划定,建立非禁养区规模养殖场治理清单1547家,规模畜禽养殖场治理率达90.8%,关闭搬迁养殖场4400多家,开展近2000家规模养殖治理,粪污综合利用率达81%以上。对太湖沿岸3公里范围内的渔业养殖进行综合整治,实施太湖4.5万亩和滆湖2.3万亩围网养殖拆除,以及环太湖3公里水产养殖生态化改造,清理流域围网养殖4万多亩。共实施湿地保护与恢复项目105个,保护与恢复湿地约15万亩。

加大资金投入。2007年以来,全省各级财政对太湖治理投入总额超过1500亿元。省财政设立太湖流域水环境综合治理专项资金,每年安排20亿元,累计安排260亿元,主要用于太湖流域基础性、公益性水环境综合治理项目,支持污水处理提标改造、饮用水源地保护、生态清淤、农业面源污染治理等重点污染物控制、重大政策实施和重大治理项目。从 2014 年至 2018 年,采用项目法和因素法相结合的分配方式,每年安排省级统筹资金 8 亿元,切块市县资金 12 亿元。

建立协调机制。2008 年,国务院批复设立由国家发展改革委牵头,工业和信息化部、环境保护部、住房城乡建设部、交通运输部等12 个部门和两省一市人民政府共同组成的太湖流域水环境综合治理省部际联席会议制度。江苏成立了由省长、市长和部门主要负责人组成的省太湖水污染防治委员会,以及省防控太湖蓝藻应急处置工作领导小组和太湖水污染防治专家委员会,负责综合协调相关部门共同治太和科学治太。坚持规划引领,出台太湖治理江苏省实施方案、江苏省打好太湖治理攻坚战实施方案等,明确水质达标期限、总量削减任务和工程项目,并抓好组织实施。建立目标责任制,省政府每年召开太湖水污染防治委员会全体(扩大)会议,与太湖流域 5市和省 10 个部门签订目标责任书,强化定性和定量考核,每月调度重点工作及项目进展,每季度通报责任书进展,年终由省政府组织考核并进行通报。

第三节　无锡水危机成因分析

20 世纪 90 年代以来,太湖曾多次发生饮用水污染事件,都集中在北部湖区主要是梅梁湾的水厂,发生时间多在 7 月或 8 月的盛夏时节。2007 年 5 月,受高温、少雨、水位低等不利气象水文条件影响,太湖梅梁湾、贡湖湾出现大规模蓝藻水华,聚集死亡后引发饮用水源地周边水域黑臭,进而影响无锡市供水水质,直接导致全市停水,市民抢购瓶装水,引发无锡市大规模供水危机。

太湖蓝藻　王蔚摄

当时无锡市的饮用水全部取自太湖,共有6个水厂,总取水量约占太湖取水总量的60%。贡湖水厂是无锡市的主要供水水源,日供水量为110万吨;无锡市的另外两个水厂——小湾里水厂和锡东水厂的取水口,分别位于梅梁湾和贡湖湾,日供水分别为60万吨和20万吨。2007年4月底,太湖西北部湖湾梅梁湖等蓝藻大规模暴发。至5月中旬,蓝藻在梅梁湖等湖湾进一步聚集,分布范围不断扩大。5月16日太湖梅梁湖犊山口水质变黑,漫延并波及小湾里水厂,致使小湾里水厂于22日停止供水。5月28日晚,污水团进入贡湖水厂,自来水恶臭难当,不仅不能喝,连洗澡都不能用。29日,各大超市里的纯净水被一抢而空。中央电视台、新浪等都报道了无锡自来水变臭的消息,无锡水危机事件开始受到全国关注。[①] 此次水危机事件的发生,主要源于地理气候、不合理的产业结构和体制机制失灵等因素,其中不合理的产业结构是最主要的原因。

太湖湖面形态好似向西突出的新月,湖岸形态在南岸为典型的圆弧形岸线,东北岸曲折多湾,湖岬、湖荡相间分布,这部分地区的水体流动性较差,有部分水体甚至常年不流动交换,当时太湖换水周期平均为 300 天,蓝藻等容易在水流不畅的环境中快速繁殖。2005 年仅东太湖和南部沿岸区为中营养水平,占太湖水面 86.8% 的其他湖区均为富营养水平。2007 年太湖蓝藻暴发的重灾区梅梁湖,其水质污染是太湖最严重的区域之一,尤其是蓝藻生长需要的总磷、总氮浓度已远超过国际公认的富营养化标准。同时,蓝藻暴发也受气候因素、太湖水位等影响。2007 年 4 月无锡的气温偏高,平均气温都在20 ℃左右,非常适合蓝藻生长。

20 世纪 80 年代以来,随着太湖流域乡镇工业的飞速发展,大量废水未经处理直接排入流域内的江河水体中,太湖流域水质发生巨大变化。而太湖流域经济保持高速增长,对流域水资源进行了过度开发和利用,加之使用水资源中存在许多不合理现象,所带来的水资源问题也十分严重。太湖的外部污染源主要有工业污染、农业面源污染和城市生活污染三大类。其中,工业污染主要集中在纺织印染业、化工原料及化学制品制造业、食品制造业等领域。20 世纪 90 年代后期,太湖流域开展了一系列达标排放"零点行动",但由于经济高速发展,污染排放量迅速增加,还是远超环境容量。同时,农业生产方式的变化也加重了农业面源污染。据统计,太湖流域每年每公

---

① 参见《蓝藻之殇:勿忘 2007 年无锡水污染事件》,http://blog.sciencenet.cn/blog - 1475614 - 1038963.html。

顷耕地平均化肥施用量(折纯量)从 1979 年的 24.4 公斤增加到 2007 年的 66.7 公斤,而一些发达国家规定每年每公顷耕地平均化肥施用量不得超过 22.5 公斤。

此外,太湖地区人口密度已达每平方公里 1000 人左右,是世界上人口高密度地区之一。城市化进程加快、外来人口增多使得城市生活污水排入量迅速增大。随着城市化率的提高,很多农村地区改旱厕为水厕,这些分散排放的生活污染源,也成为太湖河网地区氮指标的重要来源。虽然有关部门加大了城市污水处理厂的建设步伐,但由于投资大、运行费用高,总体建设相对滞后。同时,过度围网养殖严重阻隔、减缓了湖区水流,致使水流不畅,湖泊淤积加剧,大大削弱了太湖的泄洪调蓄功能。

体制机制失灵也是当时面临的突出问题。太湖治理涉及多个省市、多个区域和部门,条块分割造成"多头治水"的局面长期得不到有效解决。各部门各管一块,各地区各行其是,职能缺位、越位等现象时有发生。流域管理缺乏统一法律法规约束、统一机构管理、统一的科学规划、统一的信息平台,难以实现综合统筹管理。

第一章

江苏省太湖流域水环境治理工业篇

作为全国工业较为发达的地区之一,江苏太湖流域工业自改革开放后迅猛发展,完成工业化进程,建立现代企业制度,创立了享誉中外的"苏南模式"。但工业长期高速增长的背后,伴随着高能耗、高物耗和高污染,太湖流域也付出了高昂的环境代价。太湖流域水环境治理始于工业污染治理,在 20 多年的治理实践中积累了宝贵经验,取得了明显成效。

第一节　太湖流域工业发展概况

太湖流域是美丽富庶的鱼米之乡,从宋代起,其经济发展水平就处于全国领先地位。明清时期,又最早孕育出了资本主义萌芽,初具现代经济特征的工商业迅猛发展。清代后期至民国的百年间,民族工商业在太湖兴起。[①] 改革开放 40 年来,太湖地区是我国经济最发达的地区之一,许多方面走在江苏甚至是全国的前列。

---

① 参见孙秋芬、任克强《生态化转型:苏南模式的新发展》,《哈尔滨工业大学学报(社会科学版)》2017 年第 5 期。

一、江苏太湖流域工业发展模式演变

20世纪80年代乡镇企业崛起，江苏太湖流域从早期"苏南模式"到"开发区模式"工业园区的建设等，其区域工业化、城市化水平一直在全国处于领先地位。

（一）大力发展乡镇企业，完成工业化进程

20世纪80年代以来，苏州、无锡、常州等地由政府主导，大力发展乡镇企业，实现由农村社会向工业社会的转变，这便是经典的"苏南模式"。根据费孝通的定义，苏南模式"以发展工业为主，集体经济为主，参与市场调节为主，由县、乡政府直接领导为主"[①]。"苏南模式"是从计划经济转向市场经济，从传统农业社会转向工业社会的探索，曾对江苏经济增长起到重要带动作用，苏州、无锡、常州一度成为辐射周边地区经济发展的核心城市。乡镇企业作为苏南模式的经济主体，其发展速度迅速增长，在区域工业经济中的比重不断增加，从20世纪70年代末的不足20%，到80年代中期的"半壁江山"，再到90年代中期的"三分天下有其二"。[②] 80年代后期，随着社会主义市场经济的发展，苏南乡镇企业的"模糊产权"不利于提高企业治理效率，对构建现代企业制度形成制约，传统的"苏南模式"逐步显现出局限性。

[①] 费孝通：《小城镇大问题》，南京：江苏人民出版社1984年版。
[②] 参见庄若江、蔡爱国、高侠《吴文化内涵的现代解读》，北京：中国文史出版社2013年版，第104页。

（二） 进行产权制度改革，建立现代企业制度

20 世纪 90 年代，为适应市场环境变化，苏南乡镇企业相继进行了产权制度改革，完成了民营化改制，建立起现代企业制度。在改制过程中，政府产权退出乡镇企业，大部分乡镇企业转变为公司制企业，产权主体、投资主体呈现多元化趋势。苏南乡镇企业改制后形成了各具特色的企业类型，其中最具代表性的三种类型为：以"江阴板块"为代表的上市公司、以昆山为代表的外商投资企业和以常熟为代表的私人控股企业集团。[①] 与此同时，20 世纪 90 年代以来苏南地区抓住国际产业资本加速向长三角地区转移的机遇，建立工业园区招商引资，区域经济迅速发展。苏南地区通过吸引外资的投入，从"三来一补"到生产研发，不断提高外企的质量，增加高新科技企业的比重，提高了净出口的产值，提升了苏南地方经济总量，促进了地方经济的增长。[②]

2000 年以后，江苏太湖流域 5 市积极把握"入世"机遇，吸引大量外资，主要大力发展通信、电子、化工等制造业，带动第二产业快速发展，第二产业占 GDP 比重从 2000 年的 54.7% 提高至 2005 年的 60.5%。这段时期，区域工业经济快速发展，但也付出了较大的资源和环境代价。

（三） 优化升级产业结构，走新型工业化道路

随着经济全球化的加速发展，尤其是 2008 年国际金融危机以

[①] 参见程勉中《新苏南模式的演进：统筹、转型与超越》，《南通大学学报（社会科学版）》2013 年第 5 期，第 20—26 页。

[②] 参见徐燕《江苏省各市产业结构对比分析》，《统计科学与实践》2013 年第 8 期，第 58—59 页。

来,发展外向型经济的太湖流域面临外需不稳甚至萎缩,要素成本上涨,资源短缺等问题,导致产业低端化扩张难以为继。同时,区域生态环境问题日益严重,旧有的发展模式面临许多新的问题与挑战。

太湖流域 5 市抢抓历史发展机遇,顺应市场经济发展需要,加快转变经济增长方式,增强自主创新能力,实现由传统发展向经济社会可持续发展转变。通过产业结构升级,以先进制造业和现代服务业为基础,发展循环经济和清洁生产,逐渐走上一条科技含量高、经济效益好、资源消耗低、环境污染少、人力资源优势得到充分发挥的新型工业化道路。在改造提升传统产业的同时,更加注重经济增长速度、质量和效益的"三位一体",仅以 2012 年为例,5 市地区生产总值达到 33381.6 亿元,占全省地区生产总值比重的 61.8%。①

产业结构优化升级给太湖流域在结构调整、产业集聚、龙头企业培育、服务载体建设等方面带来了显著成效,促使区域经济走上了产业集聚之路,园区经济已成为区域产业结构调整的最大特色之一,高新技术企业成为产业结构升级的直接受益者。

二、 江苏太湖流域工业发展历程

历经 40 年的高速发展,江苏太湖流域已处于工业化的后期,并向工业化后的稳定增长阶段过渡,经济转型升级加快,科技创新日益成为推动发展的主导因素。

---

① 参见黄玺《对新苏南模式下经济转型升级问题的思考》,《经济论坛》2014 年第 6 期,第 26—28 页。

（一）产业结构比例

江苏太湖流域产业密集,产业间发展不平衡。2002 年江苏太湖流域第一、第二、第三产业的产业结构 4.93∶56.50∶38.57,处于"二三一"的发展状态。在 2002—2012 年第二产业处于强势增加的态势,2007 年无锡水危机事件之后江苏太湖流域转方式、调结构力度不断加大,第二产业占比开始逐步下降,呈现先增后减的趋势。2002 年第二产业总值为 2871.59 亿元,到 2012 年增加为 14450.00 亿元,是 2002 年产值的 4 倍。2012 年产业结构为 2.4∶53.3∶44.3(见表1),2018 年产业结构为 1.5∶47.7∶50.8,三产占比已经超过二产。①

表1　2012 年江苏省太湖流域产业结构情况②

范　围	第一产业	第二产业	第三产业	合　计
苏州部分 GDP(亿元)	195.1	6502.3	5314.3	12011.7
苏州产业结构(%)	1.6	54.1	44.3	100.0
无锡部分 GDP(亿元)	137.2	4012.0	3418.9	7568.2
无锡产业结构(%)	1.8	53.0	45.2	100.0
常州部分 GDP(亿元)	126.4	2100.8	1742.7	3969.9
常州产业结构	3.2	52.9	43.9	100.0
镇江部分 GDP(亿元)	76.5	625.7	465.2	1167.4
镇江产业结构(%)	6.6	53.5	39.9	100.0
南京部分 GDP(亿元)	105.6	1287.8	1139.5	2532.9
南京产业结构(%)	4.2	55.8	45.0	100.0
5 市 GDP 总计(亿元)	640.7	14528.5	12080.7	27249.9
5 市产业结构(%)	2.4	53.3	44.3	100.0

---

① 参见陆嘉昂《江苏省太湖流域水生态环境功能分区技术及管理应用》,北京:中国环境出版社 2017 年版。
② 参见江苏省人民政府《太湖流域水环境综合治理实施方案》,2013。

（二）工业发展现状

江苏太湖流域在工业方面处于全国领先,传统工业基础优势强,产值一直保持高速增长。2015 年,江苏太湖流域人均 GDP 达到 15260 美元(按 2015 年美元汇率折算),三次产业结构为 2.1∶46.7∶51.2,农业就业人口比例为 7%,城镇化率达到 75.2%。按照国际上对工业化不同阶段划分的标志值,区域已基本进入工业化后期阶段。2000—2015 年,工业增加值占第二产业的比重稳定在 88%—94%,对经济增长的贡献率和拉动率均居首位。①

工业是江苏经济增长的重要支柱。江苏太湖流域工业产业区域集中度日渐上升,产业分布格局已经形成。2006 年统计数据显示②:南京以通信设备、计算机及其他电子设备制造业、化学原料及化学制品制造业、黑色金属冶炼及压延加工业、石油加工、炼焦及核燃料加工业、交通运输设备制造业五大行业为主导,五大行业产值占全市规模以上工业的比重达到 68.9%;无锡以黑色金属冶炼及压延加工业、通信设备、计算机及其它电子设备制造业、纺织业、化学原料及化学制品制造业、电气机械及器材制造业等五大行业为主体,五大行业对工业的贡献率达 56.7%;常州以化学原料及化学制品制造业、黑色金属冶炼及压延加工业、纺织业和通用设备制造业为主体,四大行业产值占规模以上工业的比重为 47.9%;苏州以通信设备、计算机及其它电子设备制造业、纺织业、黑色金属冶炼及压延加工业、电气机械及器材制造业、化学原料及化学制品制造业五大行业为主体,五大行业产值占规模以上工业的比重为 63.7%,其中通信设备、计算

---

① 参见马丽《统计视角下的"新苏南模式"》,《中国统计》2017 年第 4 期,第 52—54 页。
② 参见江苏省统计局《江苏统计年鉴—2007》,北京:中国统计出版社 2007 年版。

机及其它电子设备制造业完成产值超过 3000 亿元,占规模以上工业的三分之一;镇江以造纸及纸制品业、化学原料及化学制品制造业、金属制品业、电气机械及器材制造业等行业为主导产业,其中造纸及纸制品业产值占全市工业的比重为 7.7%,化学原料及化学制品制造业产值的比重为 15.9%,金属制品业产值的比重为 9.2%,电气机械及器材制造业产值的比重为 8.5%。

2016 年统计数据显示[①]:南京总产值前五位行业分别为计算机、通信和其他电子设备制造业、汽车制造业、化学原料及化学制品制造业、电气机械和器材制造业、金属冶炼及压延加工业,五大行业产值占全市规模以上工业的比重达到 60.4%;无锡总产值前五位行业分别为金属冶炼及压延加工业、电气机械和器材制造业、计算机、通信和其它电子设备制造业、化学原料及化学制品制造业、金属制品业,五大行业产值占全市规模以上工业的比重达到 57.3%;常州总产值前五位行业分别为电气机械和器材制造业、化学原料及化学制品制造业、金属冶炼及压延加工业、计算机、通信和其它电子设备制造业、通用设备制造业,五大行业产值占全市规模以上工业的比重达到 61.9%;苏州总产值前五位行业分别为计算机、通信和其它电子设备制造业、金属冶炼及压延加工业、电气机械和器材制造业、化学原料及化学制品制造业、通用设备制造业,五大行业产值占全市规模以上工业的比重达到 63.6%;镇江总产值前五位行业分别为化学原料及化学制品制造业、电气机械和器材制造业、计算机、通信和其它电子设备制造业、金属冶炼及压延加工业、金属制品业五大行业,五大行业产值占全市规模以上工业的比重达到 54.3%。

---

① 江苏省统计局:《江苏统计年鉴—2017》,北京:中国统计出版社 2007 年版。

根据前后 10 年统计数据对比,江苏太湖流域 5 市历经 10 年发展,工业产业结构优化明显,高新技术产业尤其是计算机、通信和其他电子设备制造业发展迅猛,在工业总产值占比增加明显。以苏州为例,2016 年苏州的计算机、通信和其他电子设备制造业完成产值超过 9947 亿元,占规模以上工业产值的 32.4%。与之形成对比的是,化工、纺织、造纸等传统行业占比下降明显,2016 年苏锡常三地纺织业产值均跌出前五位。

(三) 工业组成结构变化

"调轻"趋势有所增强。在无锡水危机事件前,太湖流域主导产业经历了从轻纺工业向重化工业的转变,制造业成为工业主体,并由以加工、组装工业为主体向以机械电子一体化为重点的工业化后期转化。以苏锡常地区为例,在地区工业总值构成中,比重超过 5% 的有纺织业、化学原料及化学制品制造业、普通机械制造业、电子及通信设备制造业、电气机械及器材制造业、黑色金属冶炼及压延加工业、服装及其他纤维制造业和专用设备制造业。苏锡常地区的有色金属冶炼及压延加工工业部门产值占地区工业总值的份额虽仅有 2.4%,但在江苏全省该行业部门产值中份额达 60.2%。上述九大产业部门产值占苏锡常工业总值的 65.9%,形成这一区域的支柱产业群。[1]

统计数据显示,2006 年江苏全省重工业产值 28878.73 亿元,占工业总产值的 69.74%。太湖流域各市情况如下:苏州重工业产值 8452.43 亿元,比上年增长 18%,重工业化水平达到 67.4%;无锡重

---

[1] 参见潘铁山《太湖流域产业结构与水环境污染关系初探——以江苏省苏锡常三市为例》,《科技资讯》2012 年第 7 期,第 145—146 页。

工业实现增加值 1187.43 亿元,比上年增长 20.8%,重工业化水平达到 60.32%;常州重工业产值 2958.97 亿元,重工业化程度达到 70%;镇江重工业增加值 326.25 亿元,比上年增长 25.4%,重工业化水平达到 70.8%;南京重工业产值重工业完成总产值 3993.59 亿元,增长 14.9%,重工业化达到 85%。[①] 从 2012 年开始,区域轻、重工业的比例差距逐步缩小,从 2012 年的 22.9∶77.1 缩至 2015 年的 25∶75。对比分析 2000 年、2015 年太湖流域 5 市累计产值排名前十位的行业,电子、电气机械、汽车、化学制品等现代制造业发展步伐加快,纺织服装等传统行业发展趋缓,非金属矿物制品业、造纸、化纤等高耗能高污染行业逐步退出主导行业。

此外,高技术产业发展迅猛。我国加入世界贸易组织后,太湖流域适应江苏从"经济外向化"向"经济国际化"的战略升级,加快高新技术产业发展。2015 年区域高新技术产业产值达到 35405.8 亿元,是 2004 年的 7.1 倍;占工业产值比重从 27.3% 提高到 45.9%,年均提高 1.7 个百分点。

(四) 工业发展存在的问题

太湖流域虽然已经过渡到后工业化阶段,但高速发展的背后仍存在很多隐患,比如产业结构一直得不到有效逆转,目前区域维系高速增长的主要途径还是高投入、高消耗、高成本、低附加值等。

首先,制造业整体水平不高。制造业以电子设备制造业、化学原料、黑色金属冶炼加工、纺织业为主,这些行业都属于劳动密集型和资源密集型行业,而黑色金属加工业、纺织业都属于高消耗、高污染

---

① 参见国家统计局《中国统计年鉴—2007》,北京:中国统计出版社 2007 年版。

的行业。区域主导产业基本都是机械、纺织、化工、冶金和食品等行业,各行业的比重也十分接近。产业结构高度趋同不能使各市发挥自身的比较优势,也使投资和生产分散,规模经济效益不明显,从而降低整体经济效益。同时,在较低水平上的产业结构同构化容易造成大量的重复建设,导致生产能力闲置和资源浪费。

其次,高科技含量企业比重较小。高技术产业具有前瞻性强、关联度高、附加值高的特点,高技术领域的每一个突破,都会带动一批新兴产业群的成长,形成新的经济增长点,成为推动经济增长的动力,从而创造新的需求,提供更多的就业机会,但是该区域的高新产业仍然不足,特别是在互联网、云计算、大数据等方面,和国内其他发达城市如上海、深圳、杭州相比差距比较明显。

最后,"重工业化"特征比较明显。2015 年区域重工业产值占工业比重高达 75%,钢铁、化工行业占到规模以上工业产值的16.9%。由于区域资源贫乏,能源严重依赖外部,在能源供给日趋紧张的背景下,高能耗高污染的重化工业如果不进行技术升级,变粗放式经营为集约化经营,其发展将面临越来越严重的资源瓶颈。

第二节 太湖流域工业治理路径实录

太湖水污染的根本问题是产业结构问题,产业结构不合理是水环境质量恶化的主要原因。为此,通过产业结构调整的方式达到水环境质量的改善,已成为普遍共识。[1]

---

[1] 参见江苏省人民政府《太湖流域水环境综合治理总体方案》,2008。

一、 太湖流域工业发展对水环境影响

为有效遏制流域水体污染和水环境恶化趋势,太湖流域在保持工业总量迅速增长的同时,积极实施产业结构优化升级,改造提升传统产业、淘汰落后产能、发展战略性新兴产业和服务业、开展末端治理等。自 2007 年以来,太湖流域持续开展工业结构优化升级,通过实施工业企业"关、停、并、转、迁"等将工业结构逐步向绿色化演进,第二产业比重逐年降低。但是传统行业比重偏高,纺织印染、化工、黑色金属加工业、电镀行业仍然占据主导,污染物排放量保持高位,用于工业污染治理投资仍然偏低,实施减排的企业数量不多,企业治污自觉性不高。

(一) 产业布局情况

21 世纪以来,太湖流域经济迅速增长,年均 GDP 增速超过 20%,但粗放式的经济增长方式未得到根本转变,经济发展造成的环境破坏现象比较严重。传统高污染行业如纺织、化工、机电、冶金、造纸、印染、酿造等在工业中仍占较高份额。近年来,江苏加大了产业结构调整力度,但总体上,新兴的高科技产业尚处于初级发展阶段,第三产业发展仍相对滞后,特别是生产型服务业发展滞后。

各行业在空间上的不合理布局,尤其是县级区域工业发展相对较为粗放,导致局部区域水环境质量恶化,污染严重。根据 2007 年污染源普查数据,太湖流域纺织、化工、冶金这 3 个污染密集型行业中,纺织业污染最为严重的区域为苏州市吴江区和江阴市,年排放量达到 8755 吨和 7599 吨。化工污染最为严重的区域为常州市武进区和昆山市,年排放化学需氧量(COD)分别为 5722 吨和 2978 吨;宜兴、溧阳、苏州市吴中区、太仓市、金坛市等区域年排放量超过 1000 吨,这些区域占整个行业排放总量的 76%。冶金污染最为密集的区域主要有苏州市高新区,年排放 2450 吨,其他排放超过 1000 吨的区域主要有常州市武进区、张家港市和无锡市惠山区,这 4 个区域占整个行业排放总量的 78%。①

根据《太湖流域水环境综合治理总体方案》以及江苏省实施方案要求,江苏省对近 1 万家工业企业实施污染物减排工作,但与区域近 15 万家工业企业相比,所占比例仅为 7%,用于工业污染治理投资仅 53 亿元。

(二) 工业点源分布情况

纺织印染、化学工业、电镀工业及金属加工业是太湖流域 5 市的支柱产业,四大行业工业总产值占全部行业的 72.4%,但是纺织印染、电镀工业、金属加工等为典型的低产值高污染行业,是水环境污染防治的重点优化调整产业。

太湖流域各行业中,纺织印染、化学工业、电镀工业及金属加工业废水与化学需氧量、氨氮、总氮、总磷 4 项污染指标的排放量分别占排放总量的 71.4%、70.8%、72.2%、71.6% 和 72.7%。根据 2011 年污染源普查资料,化工行业的污染物排放量居各行业排放量之首,纺织印染行业为第二大污染排放行业,两大行业废水及污染物排放量之和均占总量的 45% 以上(具体数据参见表 2);电镀行业和金属加工业污染物排放量分居第 3 和第 4,二者分别占总量的 8%——

---

① 参见潘旻阳《江苏省太湖流域减排指标体系及考核方案研究》,南京农业大学硕士论文,2014。

14%;造纸、电子、食品制造、设备制造、电器制造及其他工业行业的污染物排放量则相对较低,分别占总量的 0.9%—6.5%。

表2 2011 年化工、印染纺织行业污染物排放情况

行业类别	废水量	4 项主要污染物排放量占比			
		化学需氧量	氨氮	总氮	总磷
化工	23.2%	24.81%	28.54%	24.05%	23.92%
印染纺织	23.6%	22.74%	21.97%	22.43%	23.65%

根据 2011 年污染源普查资料,在江苏太湖流域 5 市中,苏州市吴江区、张家港市、常州市武进区、常熟市这 4 个地区的污染密集型行业较多,污染物排放量在太湖流域位于前列。具体而言,从化工行业来看,常州市武进区化工污染最为严重;从纺织印染行业来看,苏州市吴江区污染物排放量最大,江阴市、常州市武进区、张家港市、常熟市等污染较大;从电镀行业来看,苏州市企业最多,占太湖地区 48%;无锡其次,占 21%。

纺织印染、化学工业、电镀工业及金属加工业不仅污染物排放量大,治理难度也较大。在这些行业排放的废水中,污染物变化范围很广,同一污染物最高值可达最低值的几百倍。其中,化工行业工艺废水中的各项污染物浓度变化范围最广,其次是电镀行业,钢铁行业的变化最小;化工行业的化学需氧量、总氮和氨氮产生浓度远高于其他行业,造纸工艺中悬浮物指标高于其他行业。

二、 太湖流域工业的污染治理

随着水环境质量对区域经济社会发展瓶颈作用日益突出,污染

治理由过去的单一工程治理,发展到当前工程治理、产业结构调整与加强环境监管三大综合治理体系。其中,产业结构调整对太湖地区水污染治理具有重要意义,太湖流域加强产业结构调整,对化学制浆、造纸、制革等 6 类重污染项目实施全面禁批,制定了全国最为严格的化工、印染等地方排放标准。①

(一) 实施严于国家标准的地方排放标准

2007 年,无锡水危机事件后,江苏省出台《太湖地区城镇污水处理厂及重点工业行业主要水污染物排放限值》,规定江苏太湖地区城镇污水处理厂以及纺织、化学、造纸、钢铁、电镀、食品等六大重点工业行业化学需氧量、氨氮、总磷和总氮 4 项主要污染物的排放限值,是国内最严格的排放标准。实施 10 多年来,在推进太湖流域城镇生活污水处理厂及配套管网建设,开展化工、纺织印染、电镀等工业重污染行业整治,淘汰落后产能,促进产业结构优化等方面发挥了积极作用,太湖流域重点工业行业和城镇生活污染减排成效显著。在此基础上,江苏省还进一步实施了国家出台的太湖流域 13 个行业的特别排放限值。

按照新的排放标准,太湖流域从 2008 年 1 月 1 日开始实施提标改造,主要以专项整治和限期治理相结合的方式开展。2012 年,江苏省又开展了新一轮太湖流域电镀企业环保整治,要求各地关停非法电镀生产企业、关停违规电镀项目,全面整治规范电镀行业等。到2012 年底,各地基本完成阶段性整治任务,同时持续推进小化工、电镀行业、印染行业专项整治,按照"关停一批、搬迁一批、提升一批"

---

① 参见王磊、张磊、段学军《江苏省太湖流域产业结构的水环境污染效应》,《生态学报》2011 年第 22 期。

的原则,推动流域重点污染行业的转型升级,积极引导企业入园进区,推动产业集聚发展、资源集约利用、污染集中控制。2018 年,再次修订出台了《太湖地区城镇污水处理厂及重点工业行业主要水污染物排放限值》,并将国家颁布的重点行业污染物排放限值纳入其中,太湖流域地方排放标准再次提高。

太湖水质自动监测浮标

(二) 深化产业结构调整

制定、执行禁止和限制在太湖流域发展的产业、产品目录,严把环评准入关。加强对太湖流域 5 市相关项目的核准、备案管理工作,推动各市加快工业经济转型升级,运用高新技术改造升级传统产业,发展高技术、高效益、低消耗、低污染的产业,提高高新技术产业比重,加快形成结构优化、技术先进、附加值高的产业体系。通过关停并转迁等手段,淘汰一批污染严重、工艺落后的产业,逐步引导地区产业升级换代,从源头控制工业污染。苏锡常三市分别确定以新能源、新材料、节能环保、电子信息、生物医药等为主的战略性新兴产业,积极推进高技术产业与传统优势产业融合发展,推动由一般制造为主向高端制造为主、产品竞争向品牌竞争转变,实现"苏南制造"向"苏南创造"跨越。2012 年太湖流域 5 市战略性新兴产业增加值达到 7010.15 亿元,占 GDP 比重达到 21%。坚持生产性服务业与先进制造业融合发展,生活性服务业与扩大居民消费相互促进,现代服务业集聚区与开发园区配套建设,推动服务业规模化、高端化、专业化发展。

(三) 清洁生产达标创优

积极推进循环经济和清洁生产试点,探索不同类型、不同层次的循环经济模式,培育一批符合循环经济和清洁生产发展要求的示范工业企业、工业园区,引导各级各类开发区开展生态产业园建设。以流域内重污染行业为重点,对污染物排放不能稳定达标或污染物排放总量超过核定指标的企业,以及使用有毒原材料、排放有毒物质的企业,实施强制性清洁生产审核,并向社会公布名单和审核结果。以2014 年为例,太湖流域完成清洁生产审核企业 407 家。制定印发江苏省重点工业行业清洁生产改造实施计划,应用省级节能与循环经济专项资金 770 万元,支持太湖流域 17 个项目的实施。组织太湖流域 7 家企业创建清洁生产先进企业,4 家申报国家生态设计示范企业,推进太湖流域清洁生产水平提高。

(四) 建立严密的水环境质量监控体系

自 2011 年起,原江苏省环境保护厅专门在太湖流域实施了水质异常波动快速处理机制,建立水质异常调查处理省、市、县三级联络员制度,协调环保系统内管理、监测和执法等各个环节,完善水质异常波动分类处理的流程。当省环境监测中心获取到水质异常波动的信息后,通过发送手机短信或信息快报,将情况发送给原江苏省环境保护厅及事发地上下游环保部门,并采取通报邻省环保部门、排查污染企业、约谈地方政府等措施。对水质异常波动情况及早进行处理,有效化解了短期污染风险,进而达到长效管理目的。仅2014年,原苏南环保督查中心在接到太湖水质监控平台波动报警后,及时处置70起水质断面波动事件。通过现场调查处理,共排查污染企业115家,查实工业污染16起,处罚企业6家,关停企业18家,移交司法机关处置2起,约谈及通报地方政府6次。对于限期之内没有整改到位的地方,原江苏省环境保护厅采取"挂牌督办""区域限批"等措施。

(五) 开展"263"治太专项行动

江苏省委、省政府于2016年底部署启动"两减六治三提升"专项行动(简称"263"行动),并将太湖水环境治理作为专项行动的一项重要内容。专项行动坚持以水质改善为核心,以控磷降氮为主攻方向,以小流域整治为载体,以督查考核为抓手,突出精准治太,强化长效管理,坚持不懈推进新时期太湖治理,不断促进流域水质持续好转、生态持续改善。构建以水环境质量改善为核心的目标责任考核体系,将全省治太年度目标任务分解落实到流域各地和省有关部门,每年对年度治污任务或水质改善目标完成情况进行考核,并将考核结果向社会公布。修订《江苏省太湖治理工作督查考核办法》,强化省、市、县(市、区)三级督查考核体系,并将督查考核延伸至乡镇(街道)。建立跨行政区之间的定期会商制度和协作应急处置、跨界交叉检查机制,针对水质恶化、水质超标严重、总磷等主要污染物削减目标未能完成的区域,实施限批、限产、停产等措施。2018年,太湖流域137个重点断面平均水质达标率达到83.9%的年度考核目标。

第三节　典型案例

纵观太湖流域工业污染治理,从最初的工业污染事后治理到如今的产业结构调整,走出了一条从应急治理向综合整治,从末端治理到源头控制的新型治污之路。在整治过程中,江苏注重深入推进产业结构调整,坚决淘汰一批落后产能,关停并转化工、电镀等高污染、高能耗企业,实现了源头控制的预期目的,具有一定的借鉴意义。

一、化工行业整治

江苏是化工大省,作为江苏经济最发达的太湖流域更是聚集了大大小小众多的化工企业。根据2010年江苏省污染普查数据,江苏太湖流域规模以上化工企业有807家,约占全省规模以上化工企业总数的42%;其氨氮排放量为1497.32吨,约占全省化工行业的24.7%;工业生产总值为1995.5亿元,约占全省化工行业的28.29%。

至2017年,江苏先后开展了三轮化工行业专项整治行动。主要由原省经信委、环保厅等部门牵头,联合成立化工行业专项整治办公室,指导监督流域行业整治工作。三轮整治逐级递进,关停一批装备、技术、工艺水平落后,安全生产、环境保护不能达标和有效保障的化工生产企业;淘汰一批国家、省、市产业政策和行业发展规划中明确要求淘汰的工艺、产品及装备;全面提升一批企业技术、装备、工艺水平;整治、整合、搬迁一批,促进企业向化工园区集聚和提升发展,一些城市中心城区所有化工生产企业完成关停或搬迁,优化了产业布局。在前期专项整治的基础上,江苏贯彻落实新发展理念,扎实推进太湖流域"减化"和化工企业"四个一批"专项行动,推动化工行业规范发展。三轮化工整治,江苏太湖流域累计关闭6400多家污染严重的企业,仅2017年当年,江苏太湖流域实际完成关停化工企业873家,其中通过考核验收的有779家,目标任务完成率为120.4%,太湖流域未新增化工园区,化工企业入园进区比例达到年初省政府确定的目标。

常州市武进区化工企业专项整治

化工作为常州市武进区工业经济传统的支柱行业之一,主要产品涵盖树脂、涂料、染料、颜料、医药、水处理剂等22个门类,2006年底化工生产企业数量一度达到1221家,占全省化工生产企业总数的9%,2014年全行业规模以上企业实现工业总产值660.6亿元,占全区规模以上企业工业总产值15.5%,仅次冶金行业排第二。自2006年9月到2014年12月底,根据省、市政府的统一部署,武进区先后开展了以淘汰落后产能、提升安全环保水平和加快转型升级为主要目标的三轮化工专项整治工作,取得明显成效。至2014年底共关停并转化工生产企业593家,推进转型155家,化工生产企业数量减少到473家,下降了61%。通过整治,有效削减二氧化硫排放总量2033.70吨、削减化学需氧量排放总量4191.43吨、削减氨氮排放总量498.99吨。与2009年相比,武进区化工行业危险化学品生产企业红色等级企业减少19家,橙色等级企业减少183家。企业加快由传统化工向新兴产业的转型,如亚邦化工集团大力发展总部经济,本地生产向现代生物医药产业转型,卡特新能源利用回收地沟油生产生物柴油,向循环经济新能源产业转型。

武进区作为江苏全省生态保护引领区创建单位,2016年底,全面启动"263"专项行动,紧紧围绕"减化"工作目标,多措并举,扎实推进淘汰落后产能工作,2018年底全面完成太湖一级保护区范围内化工企业的关停并转迁工作,现存化工生产企业188家,企业总数减少了近85%。重点区域全部退出。全力做好重点水域、中心城区和人口密集区范围内存在环保、安全隐患企业的关停退出工作。武进区太湖一级保护区已在全省率先实现化工生产企业全部关停,中心城区内(湖塘镇)全部化工生产企业已于2018年底全部关停,为生态环境保护起到了引领作用。问题行业全面关停。湟里镇的油品经营企业,营业执照基本为油品销售经营,但现场有简单生产分装设备,以家庭作坊的形式分布在村落中,设备陈旧、工艺简陋,现场脏乱差、跑冒滴漏、刺鼻气味排放的情况非常严重,厂群矛盾十分突出,历史上多次发生安全环保事故,历经多次环保专项整治仍未根除。现已将此类企业全部关停并基本将现场清理到位。

二、电镀行业整治

太湖流域电镀企业在全省电镀行业占比很高,在全省工业行业企业中也占有一定的比重。① 根据 2017 年环统资料,江苏省太湖流域沿线电镀企业数量共 491 家,废水排放总量为 7100 万吨,分别占全省电镀行业和工业行业企业废水排放总量的 86.2% 和 4.6%;总氮、总磷排放总量分别为 537.5 吨和 33.7 吨,分别占全省电镀行业和工业行业企业排放总量的 85.6%、78.9% 和 2.7%、5.2%。②

　　江苏省 2012—2014 年开展了太湖地区电镀企业专项整治,已取得了阶段性成效。2011 年 2 月,国家《重金属污染综合防治"十二五"规划》编制完成,提出了全国"十二五"期间重金属污染防治的工作重点和目标任务。2011 年 7 月,《江苏省重金属污染综合防治"十二五"规划》编制完成,明确了江苏省"十二五"期间重金属污染防治工作的总体目标、重点任务、重点项目等。为了全面掌握江苏省重金属污染防治情况,摸清重金属污染物排放底数,促进重金属污染源的有效监管,2014 年 8 月,原江苏省环保厅印发了《江苏省重金属污染源调查方案》,在全省范围开展重金属污染源调查评估工作。这一系列文件的出台对电镀企业环境管理工作提出了更高的要求。

　　为进一步提高太湖流域电镀企业污染防治水平,有效消减重金属污染物排放量,2012 年 9 月,原江苏省环保厅和经信委联合发文开展太湖流域电镀企业环保整治,严厉打击非法电镀生产企业、坚决关停违规电镀项目、全面整治电镀企业。整治方案中制定了详细的《电镀企业环保整治标准》,涉及执行环保政策、工艺装备水平、环境防护距离、厂区生产环境、废水处理、废气处理、固体废物管理、清洁

① 参见孙云龙、张新华、李舵《太湖流域电镀行业氮磷来源分析》,《环境与发展》2018 年第 10 期,第 48—50 页。
② 参见江苏省环境保护厅《江苏省环境统计》,2017。

生产、风险应急、日常环保管理 10 个方面内容，共 35 条具体要求。同时，对整治验收提出了严格的要求：在整治期限内完成整治任务的电镀企业，报所在地县级以上环保部门验收后可继续生产；电镀集中区（园区）内企业及环保基础设施整治任务完成后，报省辖市环保局验收后可继续生产；对未能按要求完成整治任务的地区，暂停该地区涉及重金属污染物排放项目的环评审批。①

---

① 参见许伟、戴明忠、杨凯等《新形势下电镀企业运行管理中的难点及对策探讨》，《环境科技》2015 年第 6 期，第 65—69 页。

第二章
江苏省太湖流域水环境治理城镇篇

2007年以来,江苏省住房城乡建设领域按照省委、省政府关于太湖流域水污染治理工作的部署,围绕《太湖流域水环境综合治理总体方案》和《江苏省太湖流域水环境综合治理实施方案》,坚持保障供水安全和治理生活污染两手抓,继续加强城乡供水安全保障工作,推进城镇污水、垃圾处理设施建设,强化控源截污,加强规划发展村庄生活污水治理,推进流域生态持续恢复,完善设施运行监管考核制度,加快推进城镇污水处理监管信息平台建设与应用,不断提高设施运行管理水平。

第一节　太湖流域城镇供水行业发展概况

截至2017年底,太湖流域共有47座自来水厂,总供水能力达1461.5万立方米/日。其中,25座自来水厂实现深度处理,总规模达791万立方米/日;以太湖为水源的13座水厂,总供水能力470万立方米/日。其中,12座水厂实现深度处理改造,深度处理能力达395万立方米/日,逐步实现"供合格水"向"供优质水"转变。

第二节　太湖流域城镇污水处理行业发展概况

2007 年太湖水危机爆发以来,江苏省委、省政府明确提出铁腕治污、科学治太,要求各地认真落实环保优先方针,加大太湖流域水环境综合治理力度。省住房城乡建设系统在城镇污水处理设施建设、运行管理,科技创新以及机制创新等方面积极探索并取得显著成效,为太湖重现碧波美景作出积极贡献。一是成功构建了覆盖城镇的污水处理体系,污水处理不再是城市居民的专利,城乡居民均等享受污水处理环境服务。二是明显改善了城乡水环境,城乡河道水质明显提高。三是显著提高了城镇污水处理设施建设标准,全面提高城镇污水处理质量。四是大幅提升了城镇污水处理设施运行管理水平,加快实现了城镇污水处理由粗放走向精细。五是不断创新体制机制,建立了符合江苏太湖流域实际的城镇污水处理工作模式。

一、城镇污水处理设施能力迅速增长

2009—2018 年,流域内新增城镇污水收集主干管网 13000 余公里,新增城镇污水处理厂 100 座,新增污水处理能力 545 万立方米/日。覆盖城乡的污水处理体系基本形成,污水处理不再是城市居民的专利,城乡居民均等享受污水处理环境服务。截至 2018 年底,流域内建成投运城镇污水处理厂 239 座,城镇污水处理能力达 867.3 万立方米/日;城市和建制镇已实现污水处理设施全覆盖,撤并乡镇集镇区污水处理设施基本全覆盖,城镇污水处理厂全面达到一级 A 排放标准;太湖流域共有污泥处理处置设施约 50 座,总处理处置能力约 8300 吨/日(以含水率 80% 计);着力推进村庄生活污水处理设施建设,无锡市、苏州市已基本实现规划发展村庄生活污水处理设施全覆盖。

二、 城镇污水处理设施运行管理水平大幅提升

高标准的设施必须要求高水平的运行,只有精心的运行管理才能保障城镇污水处理厂稳定达到一级 A 标准。近年来,太湖流域城镇污水处理厂运行管理水平不断提高,常州市江边污水处理厂等单位获得"全国城镇污水处理厂十佳运营单位"称号,无锡市太湖新城污水处理厂、常州市城北污水处理厂、昆山市污水处理公司、吴江污水处理厂、木渎污水处理厂等单位获得了"全国城镇污水处理厂优秀运营单位"称号。在历次全省城镇污水处理厂运行管理考核中,全省优秀污水处理厂绝大多数位于太湖流域。随着运营水平的提高,太湖流域还培育了一支高水平的运营团队和高素质的运营管理人才队伍,他们不仅精于设施运行,还注重结合生产实践开展技术研究。正是基于太湖流域良好的人才队伍,国家重大科技水专项的许多课题研究任务选择在苏州、无锡、常州等地开展,并取得了一系列创新性成果。

常州市城北污水处理厂

三、　城镇污水处理产业化得到有效促进

太湖流域大量生活污水、污泥处理处置设施建设和运营的市场需求,极大地促进了污水处理产业化。一批城市污水处理厂采用了BOT、TOT 和股份制等市场化模式运作,成功引入大量社会资金。如宜兴市探索建立城乡污水处理一体化的机制,通过公开招标选择北京建工环境发展有限责任公司负责全市多家污水处理厂的建设和运行管理业务。常州市武进区组建了江苏大禹水务股份有限公司,出资收购全区城镇污水处理设施所有权,除直接建设和运行管理的污水处理厂外,引入市场竞争机制,交由国内知名的水务运营商托管运营。

四、　一批创新性成果涌现

以太湖流域一级 A 提标技术攻关为标志的科技创新,成功解决了太湖流域城镇污水处理厂限期提标建设的技术难题;以宜兴市城乡统筹"四统一"为标志的机制创新,成功解决了乡镇污水处理工作推进难的问题;以无锡市控源截污排水达标区建设为标志的措施创新,成功解决了多年来一直困扰城镇污水处理行业的源头控制问题;以开征建制镇污水处理费为标志的制度创新,成功解决了建制镇污水处理设施长效管理机制问题;以无锡市城乡污水处理监管机构全覆盖为标志的管理创新,成功解决了政府监管力量薄弱的问题;以镇

江市海绵城市建设试点为标志的创新理念落实,成功解决了城市面源污染治理的问题。

太湖流域城镇污水处理厂一级 A 提标技术攻关示范科研项目

五、 城乡污水处理由粗放走向精细

随着太湖流域水污染治理工作的深入推进,"精确治太、精准治污"的理念越来越融入城乡污水处理的工作实践,勾勒出城乡污水处理工作日益精细的发展轨迹:在污水处理服务对象方面,由人口、产业高度集聚的城市转向地域广阔、布点分散的农村地区,由建制镇污水处理转向撤并乡镇集镇区污水处理。在污水收集管网建设方面,由城市主干管道建设转向以"网格化"雨污分流排水达标区建设为核心的老新村雨污水分流改造,力求做到污水应收尽收、应治尽治。在设施运行管理方面,由传统意义上的达标运行转向精确控制下的达标运行,如苏州工业园区第一污水处理厂、第二污水处理厂等实现了"无人值守、少人巡检"运行模式,无锡太湖新城污水处理厂等在生物池采用"精确曝气系统"取代"传统曝气系统",并优化污水处理工艺流程,实现精确控制,不仅保证了污水处理各项控制参数的合理需求,而且降低了电耗、药剂用量等,提高了污水处理厂运行效率。

六、 水生态建设水平明显提升

目前,太湖流域所有市县全部进入国家环境保护模范城市行列;17 个市县成为全国生态文明建设试点城市;16 个市县建成国家级生态市(县),占全国 40%,是全国最大的环保模范城市群和生态城市群。太湖流域湿地公园总数已达 29 处(其中国家湿地公园 13 处),自然湿地保护率 48.1%。昆山、张家港、太仓等地积极探索城镇污水处理厂尾水生态湿地建设,在城镇污水处理厂与自然水体之间构筑生态屏障,努力推进城镇污水处理由"工程水"向"生态水"转变。为改善河道水质,提升城市品位,从治黑向水环境提升纵向推进,苏州市借鉴先进地区的成功做法,在持续开展城市控污截污、河道清淤整治的同时,坚持系统治理,标本兼治的原则,采取引水畅流工程措施,沟通城乡河网水系,打通断头浜,改善水动力条件,恢复城市河道生态功能。截至 2018 年底,苏州城区河道有多个断面水质符合Ⅳ类水标准和Ⅴ类水标准,城区河道水质较 2007 年有很大改观。

第三节　城乡供水安全路径实录

江苏省住房和城乡建设厅指导太湖流域各城市建立并完善"水

源达标、备用水源、深度处理、预警应急、严密检测"的供水安全保障体系。每年 4 月及时启动年度太湖应急度夏防控工作机制,召开全省城市供水安全度夏工作会议,部署供水安全度夏保障工作,并做好太湖地区城市供水水质日报和月报的报送工作。

江苏省住房和城乡建设厅组织编写印发了《江苏省城市供水安全保障评价考核标准》《江苏省城镇供水水源突发性污染应急处理指导手册(试行)》《江苏省城镇供水厂臭氧-生物活性炭处理工艺运行管理指南(试行)》,指导太湖各地提升供水安全保障工作水平。

江苏省住房和城乡建设厅加强水质监管和检测能力建设。实现太湖流域无锡市和苏州市的原水、出厂水和管网水在线监测实时数据和取水头部视频监控的实时传输;按照供水企业不同供水规模推进水质检测能力提升,定期对太湖流域各地城市供水企业水质等级实验室进行现场检查,太湖流域水质检测能力和水平处于全省领先水平,水质检测能力和实验室管理水平持续得到加强。

太湖流域建设了无锡市"安全供水高速通道"、苏州市供水片区互联互通应急管道、镇江市"以空间换时间"水源预警工程等一批供水安全保障工程,极大提高了太湖流域各城市供水安全保障能力。

江苏省住房和城乡建设厅指导各地切实加强供水安全应急演练。如指导无锡市、苏州市开展水源地突发污染事故应急演练、防藻保供应急演练、管网互联互通应急演练等,大幅提升各地供水安全应急保障能力。

江苏省住房和城乡建设厅指导太湖流域各城市加快既有水厂深度处理建设。截至 2019 年上半年,流域 48 座水厂中共有 31 座实现深度处理,日处理能力达到 988 万立方米(以太湖为水源的 13 座自来水厂中,无锡市、苏州市 12 座自来水厂已全面完成深度处理,总能力达 425 万立方米/日,剩余部分预计 2019 年底完成),有效保障了太湖流域城市供水安全。

江苏省住房和城乡建设厅指导太湖流域各城市加快推进居民住宅老旧小区二次供水设施改造,确保饮用水最后一公里安全。到 2017 年底,苏州、常州、镇江、南京市区范围基本完成二次供水设施改造。

太湖流域各城市加强水源预警能力建设,实现原水水质监测数据多部门实时联网共享,及时掌握原水水质信息,做到提前预警、及时调度。

江苏省住房和城乡建设厅积极推进集中式饮用水源地达标建设,严格按照省人大常委会《关于加强饮用水源地保护的决定》要求,配合相关部门规范划定水源地保护区,依法整治保护区内的污染源。

第四节　城镇和村庄生活污水治理路径实录

江苏坚决贯彻党中央、国务院决策部署,全面落实太湖治理国家总体方案和省实施方案,坚持铁腕治污、科学治太,一手抓应急防控,一手抓长效治理,治太工作取得重要进展,较好地完成了国家和省确定的目标。

一、城镇生活污染治理

10 年来,城镇生活污水处理工作在设施建设、运行管理,以及科技创新、机制创新等方面积极探索并取得显著成效。

（一） 坚持城乡统筹，不断加强行业顶层设计

按照生态文明建设要求，紧紧围绕《太湖水环境综合治理总体方案》和《江苏省太湖水环境综合治理实施方案》，江苏省住房和城乡建设厅组织编制了《江苏省城镇污水处理"十三五"规划》《江苏省建制镇污水处理设施全覆盖规划》《江苏省太湖流域撤并乡镇集镇区污水处理设施全覆盖规划》《江苏省城镇污水处理定价成本监审办法(试行)》等一批行业规划、技术指南及政策制度。配合开展《江苏省太湖流域水污染治理实施方案》修编与实施工作，编制《江苏省城镇污水处理提质增效实施方案编制大纲》和《江苏省城镇污水处理提质增效行动——管网排查技术导则》，推进污水处理提质增效。编制印发《江苏省海绵城市建设导则》和《江苏省雨水花园建设与运行维护指南》等一批技术指南和导则，科学指导海绵城市建设，提高面源污染治理能力。积极探索实践城乡一体化的生活污水治理工作模式，以县(市、区)为主实行城乡统筹，构建"统一规划、统一建设、统一运营和统一监管"的"四统一"模式。

（二） 坚持厂网一体，深入推进污水处理设施建设

江苏省住房和城乡建设厅坚持城乡发展一体化，打破城乡二元分割，以规划为龙头，优化布局，做到污水处理设施规模适度超前，遵循"集中处理为主、分散处理为辅;接管优先、独建补充"的原则，统筹推进城乡污水处理。突出加快城镇污水主干管网、雨污分流、控源截污排水达标区建设，着力推进污水管网普查、问题诊断与修复工作，不断提升污水收集处理效能。坚持泥水并重，提升城镇污水处理厂污泥无害化处理处置与资源化利用水平，指导各地选择低碳、绿色、永久性的处理处置方式，建设污泥处理处置设施。

（三）坚持提质增效，显著提高污染减排效益

为加大太湖流域城镇水污染治理,根据国家要求,全面提高太湖流域城镇污水处理厂排放标准,率先执行国家《城镇污水处理厂污染物排放标准》(GB18918 – 2002)的一级 A 标准,限期对 2007 年太湖水污染危机前全流域建设的 160 多座城镇污水处理设施完成一级 A 标准提标改造。随着太湖流域水污染治理工作的不断深入,2018 年 6 月,《太湖地区城镇污水处理厂及重点工业行业主要水污染物排放限值》(DB32/1072 – 2018)颁布实施,太湖地区城镇污水处理厂在一级 A 排放标准基础上全面实施新一轮提标建设。与此同时,昆山、张家港、太仓等一些有条件的地区积极配套建设城镇污水处理厂尾水湿地,进一步提升城镇污水处理厂出水的生态安全性。

（四）坚持建管并重，不断优化设施运营监管

2007 年,江苏省住房和城乡建设厅建立了全省统一的城镇污水处理设施建设管理信息平台。2009 年,制定了《江苏省城镇污水处理厂运行管理考核标准》。2011 年,出台了《江苏省城镇污水处理厂运行台账范本》,进一步规范流域内城镇污水处理厂运行管理。按照《江苏省污水集中处理设施环境保护监督管理办法》(江苏省人民政府第 71 号令),定期组织专家对全省城镇污水处理厂运行管理工作进行现场考核,认真总结好的经验和做法,系统分析主要问题并限期整改。建立定期通报制度,每季度对城镇污水处理厂建设和运行情况进行通报。2019 年又完成了太湖流域城镇污水处理监管信息平台建设与应用,建立省、市两级监管体系,严格落实排水许可制度和水质监控等措施。加强人才队伍建设,强化专业技术培训,提高从业人员素质,加强技术指导,全面提升管理水平。

（五） 坚持科技攻关，提升污染治理技术水平

为科学进行城镇污水处理厂一级 A 提标建设，省住房和城乡建设厅组织开展了"江苏省太湖流域城镇污水处理厂除磷脱氮提标改造技术攻关示范科研项目"，并根据研究成果编制出版了《江苏省太湖流域城镇污水处理厂提标建设技术导则》，成功指导了太湖流域城镇污水处理厂提标改造和新（扩）建污水处理厂建设，并引领全国城镇污水处理厂一级 A 提标建设。开展"江苏省城镇污水处理厂污泥处理处置技术攻关示范项目"研究，制定出台了《江苏省城镇污水处理厂污泥规范处置技术指南》，加强了污泥处理处置的技术指导。为科学指导江苏省太湖地区城镇污水处理厂新一轮提标的工程建设与优化运行，省住房和城乡建设厅又及时组织编制了《江苏省太湖地区城镇污水处理厂 DB32/1072 提标技术指引（2018 版）》。此外，省住房和城乡建设厅还积极将国家重大水专项等最新科技成果应用于江苏太湖城乡污水处理的实践中，提高太湖治理的科学水平。

（六） 坚持精准施策，扎实推进城市黑臭水体整治

江苏省建立健全城市黑臭水体整治联席会议制度，强化统筹协调、督促检查，省住房和城乡建设厅提请省政府印发《江苏省城市黑臭水体整治行动方案》和《江苏省城市黑臭水体治理攻坚战实施方案》，进一步完善整治工作的体制和机制。建立城市黑臭水体"一对一"对口指导工作制度，成立城市黑臭水体整治技术顾问组，委托技术单位每月对各地黑臭水体整治工作提供专业指导。建立月报告、季通报制度，委托第三方单位定期开展调查和水质检测，并就发现的问题实施"即检查、即通报、即督办、即整改"。一些城市不断更新理念，不惧面对矛盾，致力于让曾经被覆盖的河道重见天日，还河道于

城市,还碧水于市民,提升城市水环境。苏州市投资 1 亿多元,打开了覆盖近 60 年的中张家河,极大地改善了周边环境质量;张家港市以打开覆盖 20 余年河道为核心的"小城河综合改造工程",总投资约 19 亿元,构建水生态、水文化和谐统一的水环境。

（七）坚持节约优先，积极实施城市节水和非常规水资源再生利用

江苏省住房和城乡建设厅指导省内各地开展国家级节水型城市创建,截至 2018 年底,太湖流域共有南京、无锡、常州等 13 个国家级节水型城市(区)。加快推进城镇污水处理厂提标及尾水再生利用,太湖流域城镇污水处理厂一级 A 提标和新一轮提标为尾水再生利用创造良好条件,尾水主要用于工业用水、景观、河道及生态补水等,截至 2018 年底,流域内城镇污水处理厂尾水再生利用率达 22%。不断注重初期雨水污染治理和雨水收集利用,加快推进海绵城市建设。近年来,江苏按照国家关于海绵城市建设的目标要求,将海绵城市建设纳入年度重点任务和高质量发展体系,着力提升人居环境质量。以试点示范为抓手,确定了流域内两批共计 7 个省级海绵城市建设试点城市(南京、无锡、苏州、常州、武进、昆山、句容)和 4 个省级海绵示范项目(第九届江苏省园艺博览会博览园、江苏城乡建设职业学院、常熟市锦荷学校及幼儿园新建工程、太仓港区七浦塘生态修复工程二期)。江苏省镇江市成功申报成为首批国家级海绵试点城市,并于 2019 年 4 月通过国家验收。截至 2018 年底,太湖流域城市累计建成并达到海绵城市要求的面积约 160 平方公里,累计完成投资约 169.6 亿元,城市面源污染治理取得一定成效。

（八） 坚持机制创新，保障污水治理工作深入开展

江苏省不断创新体制机制。创新小流域治理工作机制，建立由省、地领导共同担任主要入湖河流河长的"双河长"制。蓝藻打捞处置基本实现"专业化队伍、机械化打捞、工厂化处理、资源化利用"。城市生活污水处理推广网格化排水达标区建设。创新经济政策，提高排污收费和污水处理费标准，推行环境资源区域补偿、绿色信贷、环境责任保险、排污权有偿使用和交易试点。创新载体建设，通过环保模范城市、生态市、生态示范区、环境优美乡镇和生态村等不同层次创建活动，推进了治太工作深入开展。

二、 村庄生活污染治理

（一） 以村庄为单位进行试点示范的前期探索（2007—2015 年）

江苏省早在 2007 年就组织开展村庄生活污水治理试点工作，并在环境敏感区域优先推进。2008 年，江苏省将村庄生活污水治理纳入《江苏省太湖流域水环境综合治理实施方案》。2009 年，省委、省政府将村庄生活污水治理列入新一轮农村六件实事工程着力加以推进。2011 年，省委、省政府启动实施村庄环境整治行动，"整治生活污水"成为村庄环境整治"六整治、六提升"的重要内容。通过各个部门几年来的试点实践，江苏省在村庄生活污水治理方面取得了一些经验，初步探索出"接入城镇污水管网统一处理优先、建设小型设施相对集中处理与分散处理"三种建设模式，筛选出数种符合江苏村庄特点、经济适用、简便有效的生活污水处理技术设施，先后组织

编制了两版《村庄生活污水治理适用技术指南》。

（二）推进村庄生活污水治理试点县建设（2015 年至今）

2015 年,住房和城乡建设部将江苏列为全国农村生活污水治理试点省,并将常熟等 16 个县（市、区）列入国家试点县,占全国试点县总数的 16% 。按照住房和城乡建设部关于农村生活污水治理试点工作的部署要求,省住房和城乡建设厅在深入实地调查研究、组织专家分析村庄生活污水特点的基础上,提请省政府办公厅出台了《江苏省村庄生活污水治理工作推进方案》。在综合考虑生活污水特征、农村特点、农业发展和农民生产生活习惯的基础上,确定了"城乡统筹、突出重点,生态为本、循环利用,因村制宜、一体实施,试点先行、逐步推进"的基本原则;针对前期实践探索阶段存在的村庄生活污水治理专业化程度低、管理机制缺失等问题,明确了以县域为单元规模化建设,将设计、施工安装、运行维护等全过程一体化推进,由优质、专业的公司实施专业化管护的治理思路。方案还提出了到"2020 年,苏南地区规划发展村庄、苏中地区行政村村部所在地村庄、苏北地区规模较大的规划发展村生活污水治理覆盖率达到 90% 以上"的目标任务。

一是开展试点建设。在持续推进国家试点县的基础上,江苏又以省级试点县（市、区）建设为抓手,持续推动村庄生活污水治理工作。在试点县的选择上,省住房和城乡建设厅遵循"自下而上、自愿申报"的原则,2016—2018 年共择优遴选出三批 46 个实施村庄生活污水治理内在动力需求大、组织实施能力强、工作积极性高,且有一定的村庄生活污水治理工作基础的县（市、区）,纳入村庄生活污水治理试点县建设,省财政安排专项资金 12.85 亿元对 46 个试点县(市、区)进行奖补。各试点县(市、区)在村庄生活污水治理的技术、方法、路径和机制等方面进行了积极的探索和实践。截至 2019 年 3 月底,高淳区、新北区、宜兴市、张家港市、常熟市、太仓市、昆山市、吴江区、吴中区、相城区、高新区等 11 个试点县(市、区)已完成省定目标任务。

二是坚持规划先行。推进村庄生活污水治理,应从"各自为政"向"整体推进"转变。省住房和城乡建设厅在按照住房和城乡建设部要求开展试点建设时就明确提出,推进村庄生活污水治理,规划必须先行。省里结合已有工作基础和各地实际,编制了《江苏省村庄生活污水治理规划编制大纲(试行)》,指导各地对辖区内农村水环境及生活污水治理现状等信息进行调查分析。在此基础上,各地依据镇村布局规划和城镇污水治理专项规划,以县(市、区)为单位编制村庄生活污水治理实施方案和专项规划,着力推进规划发展村庄生活污水治理,一般村庄推进卫生户厕改造全覆盖,并将编制专项规划作为地方申报村庄生活污水治理省级试点县的必备条件。截至 2018 年底,46 个试点县(市、区)均已完成专项规划编制。

三是加强技术支撑。委托东南大学等单位进行村庄生活污水治理水质跟踪检测,修订了《江苏省村庄生活污水治理适宜技术及建设指南(2016 版)》,并开展江苏省村庄生活污水治理工作规范、江苏省村庄生活污水治理设施运行管理规程等课题研究。省住房和城乡建设厅联合省生态环境厅、省市场监督管理局,研究制定《江苏省村庄生活污水治理水污染物排放标准》,为村庄生活污水治理技术选型及后续长效管护提供依据。2018 年 11 月,《村庄生活污水治理水污染物排放标准》(DB32/T 3462－2018)正式发布。

四是强化工作指导。组建村庄生活污水治理技术顾问组,充分发挥专家在村庄生活污水治理工作中的重要作用,为地方提供技术咨询和服务。编纂《村庄生活污水治理探索之路》画册(2015 年),回顾江苏省村庄生活污水治理历程,同时进行总结和反思,明晰下一阶段村庄生活污水治理的理念、思路、目标与措施,指导各地有序加快推进村庄生活污水治理工作。先后多次举办座谈会、现场推进会、培训会等,邀请有关部门负责同志以及专家学者进行政策解读和业务指导,交流学习各试点县(市、区)的好经验、好做法,加快试点工作推进。

五是严格督查考核。出台了《江苏省村庄污水治理工作考核办法(试行)》,委托第三方机构组织相关专家成立巡查组,对各试点县村庄生活污水治理工作开展技术巡查。开发建设覆盖省、市、县、镇、村的村庄生活污水信息管理系统,跟踪管理各试点县村庄生活污水治理实效。鼓励各地建立按效果付费的绩效评价制度,经营期内由政府委托第三方对出水水质进行抽样检测,并根据抽检结果支付费用。

经过三年的探索实践和组织实施,江苏村庄生活污水治理试点县建设取得了阶段成效。工作推进中,各地将县级政府作为村庄生活污水治理实施责任主体,积极探索 EPC、PPP、政府购买服务等形式,通过项目整体打包、规模建设吸引优质专业企业参与村庄生活污水治理设计、施工安装、运行维护等全过程建设管理,强化县域村庄生活污水治理规模化建设、专业化管护、一体化推进。各地普遍反映以县为责任主体的组织方式和工作模式推动了村庄生活污水治理从"各自为政"向"整体推进"转变,从"点散量小"向"规模推进"转变,从"多头运作"向"规范管理"转变。截至2019年3月,全省46个试点县(市、区)完成了9000多个村庄的"转变"。无锡市、苏州市基本实现规划发展村庄生活污水处理设施全覆盖。

第五节　城乡生活垃圾处理处置路径实录

生活垃圾分类和治理工作是城市管理和环境保护的重要内容,是社会文明程度的重要标志,关系人民群众切身利益。近年来,江苏省住房和城乡建设厅按照国家、省关于太湖治理工作的总体部署要求,扎实推进"263"城乡生活垃圾分类和治理专项行动,全面推行垃圾分类制度,持续加强垃圾治理能力建设,城市环卫保障能力不断提升。

一、城乡生活垃圾无害化处理水平逐年提升

针对太湖地区"土地资源紧张、人口密度高"的情况,省住房和城乡建设厅积极推进生活垃圾焚烧处理设施建设,推动太湖地区生活垃圾处理从卫生填埋向"绿色焚烧"转型发展,有效改善了地区城乡人居环境质量,促进了经济社会的可持续发展。2018年底,太湖地区城市生活垃圾无害化处理率达100%,城乡生活垃圾无害化处理率达98%。

政策引领,明确垃圾处理发展方向。2011年,江苏省政府印发《关于进一步加强我省城乡生活垃圾处理设施建设和运行管理工作

的意见》,指出土地资源紧缺的城市,要优先采用焚烧处理技术。2017 年,江苏省政府办公厅印发《江苏省城乡生活垃圾分类和治理实施方案》,并召开全省城乡生活垃圾分类处理工作现场推进会,提出到 2020 年,全省县以上城市生活垃圾无害化处理设施实现全覆盖,并在全省开展生活垃圾分类工作。2018 年,江苏省政府办公厅印发《江苏省城乡生活垃圾治理实施方案》,进一步推动各地生活垃圾焚烧处理设施建设工作,提出了"垃圾处理不出县"的工作目标。

规划引导,统筹布局垃圾处理设施。省住房和城乡建设厅牢固树立规划先行理念,遵循全省城乡发展客观规律,综合考虑地方经济发展和城乡建设水平,先后编制了《江苏省十二五生活垃圾处理设施建设规划》《江苏省环境卫生事业"十三五"规划》等专项规划,规划坚持优先发展焚烧处理技术。"十二五"全省制定了"苏南苏中地区以焚烧为主,苏北地区从填埋向焚烧快速发展"的垃圾处理发展目标;进入"十三五",又提出了"苏南苏中地区基本实现全量焚烧,苏北地区以焚烧为主"的生活垃圾处理新发展要求。同时,鼓励地方统筹布局城市生活垃圾焚烧厂等各类固体废物处理设施建设,实现设施协同处置、联建共享,减少"邻避"影响,降低运行成本。截至2018 年底,太湖流域所有市县均编制完成了《江苏省城乡生活垃圾分类和治理专项规划》。

城乡统筹,建立完善生活垃圾收运体系。从"十一五"开始,太湖地区在乡镇大力推动压缩式小型中转站建设,并配备电动收集车、中小型压缩式、密闭化运输车辆等,农村生活垃圾得到有效收集和处理。到"十二五"末,江苏省在全国率先构建了"组保洁、村收集、镇转运、市县集中处理"的城乡统筹生活垃圾收运处理体系,建成乡镇垃圾转运站 1100 多座,基本实现了建制镇垃圾转运站、行政村生活垃圾收集点的全覆盖,并首批通过住建部等十部门组织的农村生活垃圾治理考核验收。

加强督导,推动垃圾焚烧设施建设。江苏省住房和城乡建设厅将垃圾焚烧处理设施项目列入"263"城乡生活垃圾分类和治理专项行动、基础设施补短板等重点工作予以推进,并建立实施月报告、定期调度、督查通报制度,督促指导地方推进垃圾焚烧设施建设。各地各有关单位把生活垃圾焚烧设施建设作为环境基础设施建设的重点,切实加大组织协调力度,确保设施建设顺利进行。到 2018 年底,太湖地区共有 30 座生活垃圾无害化处理设施,其中生活垃圾焚烧设施 20 座,卫生填埋场 9 座,水泥窑协同处理厂 1 座,市、县基本实现了垃圾处理设施的全覆盖。太湖地区生活垃圾无害化处理能力约 3.56 万吨/日,其中焚烧处理能力 2.99 万吨/日,填埋能力 0.57 万吨/日,形成了"焚烧为主、填埋为辅"的良好态势。

强化监管,推动设施规范达标运行。在推进垃圾处理能力建设的同时,省住房和城乡建设厅加强监管制度建设,切实提高垃圾处理设施运行管理水平,确保主要烟气中主要污染物达标排放。制定《生活垃圾焚烧厂运行管理考核评价标准(试行)》,建立年度运行管理考核工作制度,将生活垃圾焚烧厂检查工作列入省政府部门随机抽查事项清单,每年抽取不少于 20% 的垃圾焚烧厂,开展现场检查工作,推动垃圾焚烧厂规范运行。

二、 城乡生活垃圾分类工作全面开展

2016 年 12 月,习近平总书记在中央财经领导小组第十四次会

议上强调,要求普遍推行垃圾分类制度。江苏高度重视垃圾分类工作,进一步统一思想,切实提高政治站位,坚决、迅速贯彻中央决策部署,坚持系统谋划、统筹协调,切实加强组织领导,全面加快推进垃圾分类工作。

垃圾分类"大分流"体系建设取得显著成效。江苏省于 2011 年在全国率先出台《江苏省餐厨废弃物管理办法》(江苏省人民政府第70 号令),省住房和城乡建设厅指导各地编制完成餐厨废弃物处理专项规划,推动加快建设餐厨废弃物无害化处理设施,太湖地区苏州、常州和镇江等 3 个城市先后分 3 批成为国家试点城市,在国家组织的试点城市终期评估中,苏州、常州和镇江均顺利通过了国家验收,其中苏州市的"收运处一体化运行"、常州市的"食物残余和废弃油脂全流程处理"、镇江市的"与城市污泥协同处理"等创新工作均处于全国领先水平。

开展建筑垃圾资源化利用,是消纳建筑垃圾的重要途径,能有效解决建筑垃圾私拉乱倒、挤占道路、侵占良田问题,集约节约土地资源和矿产资源。近年来,省住房和城乡建设厅以规划为引领,以资源化利用为导向,将建筑垃圾处理和资源化工作统筹纳入省"263"、污染防治攻坚战等重点工作予以推进,全省建筑垃圾资源化利用水平不断提升,有效促进了经济社会可持续发展。2018 年,太湖地区的常州和苏州被住房和城乡建设部列为全国首批建筑垃圾治理试点城市。苏州市建筑垃圾再生资源利用项目被国家发展改革委确定为资源节约和环境保护示范项目;常州市在全国率先探索利用智能化自动分拣进行装潢垃圾资源化处置利用项目,受到住房和城乡建设部和省领导以及国内专家的充分肯定。

全面推进城市居民生活垃圾分类工作。江苏省委、省政府将垃圾分类和治理工作作为"两减六治三提升"专项行动和城市治理与服务十项行动的专项内容,与污染防治攻坚战统筹推进,并纳入省高质量发展监测指标对地方党政主要领导实施考核。省住房和城乡建设厅坚持规划引领,健全标准规范,强化督促指导,注重全链条系统推进,会同省级机关管理局推动党政机关率先推行垃圾分类,全省1万余家单位纳入网上考核;各地加强工作组织,广泛发动市民群众积极参与,全省共组建垃圾分类指导员队伍约2万人,开展各类活动约1.87万场(次),共发放宣传手册260多万份。全省共有1.3万多个小区和2万多个单位开展垃圾分类,取得了阶段性成果。

第六节　典型案例

一、苏州发扬"双面绣"精神,高质量推进污水处理提质增效

(一) 基本情况

苏州是著名的东方水城,境内河道纵横、湖泊众多、河湖相连,形成"一江、百湖、万河"的独特水网,是典型的平原河网地区,全市有各级河道2万余条、湖泊323个。

苏州污水处理事业起步较早,2000年启动雨污分流改造以来,先后实施了支管到户,以及老新村、背街小巷改造、改厕工程等治污项目,污水收集能力显著提升。全市共建成城镇污水厂97座,处理规模约375万吨/天,污水管网长度近1.25万公里,2018年污水处理

总量逾 11 亿吨。

进入新时代后,随着城市建筑和人口密度不断上升,污水处理设施建设的被动滞后与经济快速发展的矛盾日益突出,污水管网质效不足问题逐步显现。城市水环境这一"东方水城"的"面子"面临严峻挑战,污水管网这一城市管理的"里子"亟须更新,市民、游客要求改善城市水生态环境的呼声日益强烈。为此,按照习近平总书记"城市管理要像绣花一样精细"的重要指示要求,坚持问题导向,明确"全覆盖、全收集、全处理"高质量指向,结合城市有机更新、"清水工程"建设、城中村无地队改造等工作,精细化开展污水管网改造和修复,取得较好的效果。

(二) 主要做法

1. 开展管网清查,提升进水浓度

苏州城市中心区污水管网已基本实现了全覆盖、全收集,但河道水质仍然不理想、不稳定,污水管网收集输送环节存在很多问题。为有效提升污水厂进水浓度,减少污水入河,城区污水管网摸排及修复工作自 2012 年开始,首先结合干河清淤进行排污口溯源调查,此后,依托管道检测专业单位和管道养护单位借助管道内窥镜、CCTV 等设备对污水管网进行网格化全面调查,总计检查污水管道 1400 公里,投资约 3000 万元,共查找雨污互通点、渗漏点、管网破损点和错接私接点近 700 处,居民、商户私接点 5000 多处。

污水管网摸排工作完成后,苏州从四个方面着手,齐头并进。一是实行污水管道低水位运行模式。在雨污分流改造已基本完成的基础上,通过污水厂及泵站调度,实施管网低水位运行,有效降低了污水入河风险,有利于及时发现雨污互通、渗漏、私接点,提高了控源截

污排查效率。二是以水质为导向倒查管网问题。通过加密河道水质监测点位和频次,根据水质监测数据,以氨氮等主要数据为分析指标,对上下游断面水质异常变化区间的泵站运行和管网输送系统进行排查,准确定位问题点。三是借力干河清淤解决非雨出流。逐年开展河道轮浚,借助干河截水清淤,利用雨水口暴露的时机同步进行排口非雨出口溯源调查,同步完成 188 个非雨出流点整治,涉及 117 条河道。四是开展污水管网修复。城市中心区由于居民密度大、管网情况复杂,最终决定对问题管线开展非开挖修复,三年时间完成了 120 公里污水管道和 148 条过河管道修复,投资约 1.8 亿元。四种整治方式共同作用,有效解决了污水管破损、雨污互通、私接乱排等问题,查漏修复工作取得了显著成效,污水厂进水浓度有了明显提升。

2. 开展污水接纳,源头控制污染

问题在水里,根子在岸上,关键在排口,核心在管网。苏州在做好污水管网新建,补齐城中村无地队等污水收集"空白点"的同时,坚持以河道水质为中心的导向,精准排查分析问题,抓住污水管网改造的关键和要害。

2016 年开始,苏州市城市中心区"清水工程"启动,污水零直排、污水管网系统全封闭,成为了新的治理目标。对于老大难的城中村污水收集问题,苏州通过两年时间,完成 40 个城中村污水管网建设,铺设管网 80 公里。城市中心区沿河生活污水直排点分布零散、成因各异、市民(商户)对整治抵触情绪大,且没有现成的经验可循。鉴于这样的客观现实,苏州建立联动机制,成立水务、住建、属地街道社区、设计等部门组成的工作小组。第一步摸查沿河直排点基础数据,在此基础上进行二轮入户管网现状调查;第二步启动上门宣传教育工作,发放告居民书和整改通知书,强调整治的必要性,争取居民和商户的理解、支持、配合;第三步开展入户设计工作,做到一户一案记录在册。确定施工方案,征得整治对象同意后入户作业,进行污水接管施工,完成直排点整治2202处,投资2000万元,收集水量1000余方,学士河、山塘河等水环境"反复治,治反复"问题得到有效解决,河道水质明显改善,基本消灭了城区黑臭水体。根据晴天时对城市中心区河道来水(钱万里桥和外塘河桥)和出水(裕棠桥和觅渡桥)的持续监测,三项主要污染指标基本无增量,入河污染量明显减少。

与此同时,苏州还开展了平江历史片区整体零直排区建设试点,片区位于苏州市古城区核心位置,面积约2.48平方公里,共有市政污水管网46公里,2015年起对片区内污水管网进行结构性检查,检查费用约100万元。针对片区污水管网渗漏问题,专题开展污水管网渗漏研究和反闭水实验,选取不同建设年代、不同地势标高、不同类型窨井及管材的小区进行渗漏定量研究。分别测定了晴天、小雨后和中雨后三种条件下的污水管道渗漏情况。2017年启动污水管道修复以来,共完成修复管道40公里,投资4000万元(折算每平方公里1600万元),沿河直排点改造250余个。2018年10月,修复完成后的片区河道水质及污水泵房进水水质均显著向好,河道氨氮指标较改造前下降71.97%,此片区污水泵房进水NH_3-N浓度较修复前增长99%,水量下降了37.8%。基本实现了污水管网封闭运行,片区内56个雨水排放口做到无"非雨出流"现象。

3. 总结"苏绣"模式,持续深化治污

"苏绣"模式代表了完备框架下的精密、细致及高效,通过由点及面、连网成片、双管齐下的整治,做到整个污水系统的提质增效。

一是完善管道修复工作。首先通过加密河道水质监测点位和频次,以氨氮等主要数据为分析指标,对上下游断面水质异常变化区间的泵站运行和管网输送系统进行精细化排查;然后开展污水管网渗漏专项研究,对断面水质异常变化区域周边管网进行针对性检查,在雨后 3 天内分段封堵抽空污水管网检查,或晴天通过人为干预抬高地下水位,采用反闭水测试、CCTV 检查等技术手段,精准找出污水管网"病灶";最后从时效因素、干扰因素、效果因素等方面做了大量的前期调研、论证、比选工作,进行多次污水管网修复工艺试验,最终选取对居民正常排水及出行的影响小的紫外线原位固化、原位点状固化和离心喷涂工艺,三年时间完成了 120 公里污水管道修复,包括1.5 万个井的修复,投资 1.8 亿元。

二是同步实施水污染"五整治"。苏州于 2017 年正式启动城区水污染"五整治",对中心城区农贸市场、餐饮业、洗车业、建筑工地、无厕住宅开展排污整治工作。第一阶段调查摸底,由条块部门与街道社区联动配合,摸排核实污水接管和排放情况,并整理出未接管企业、商户清单;第二阶段制定污水接管方案;第三阶段组织实施污水接管、联合执法、办理排水许可证等一系列整改工作。"五整治"能够顺利开展,得益于扎实的群众基础。苏州坚持教育劝导为主、行政处罚为辅,所有纳管整改经费由政府承担,赢得了整改对象的高度配合,同时加强条块联动,形成高效完善的工作体系,两年完成整改 611 家,同步办理排水许可数量明显增长,污水乱排乱放得到有效遏制。

三是做好长效管理工作。苏州于大规模污水管网建设之初便考虑到日后长效养护问题,遵循"道路建到哪、管网就铺到哪、养护就跟到哪"的原则,逐步完善城区污水收集系统的建设和运维。采取政府购买服务的形式确定具有养护资质的养护单位对污水管网进行养护,中心城区基本实现养护全覆盖。结合 GIS 地理信息系统,对养护过程采用信息化监管,养护单位均配备装有养护外勤

App 的 GPS 手机,水务部门前端实时掌握各片区养护位置及每日养护数据(养护地点、养护方式、养护人数、垃圾量、养护长度、窨井个数)。建立中心城区污水管网 SCADA 系统,对城区污水厂、污水泵房、管网重要节点水位进行实时监测,并设有预警机制,作为污水厂低水位运行考核依据。市水务局、财政局共同商定并发布了《苏州城区污水处理及管网(泵站)运营服务费核拨办法》,实现优质价,按质奖罚。

(三) 成果与启示

近年来,苏州在源头管控、管网排查修复、污水处理厂建设、管网建设等方面每年总投入约 30 亿元。至 2018 年底,苏州已基本实现全市城镇地区消除黑臭水体目标,城市中心区已实现污水全覆盖、全收集、全处理,城区大部分河道水质主要指标达到或优于 III 类水质标准。

2018 年 9 月,苏州市委、市政府出台《关于高质量推进城乡生活污水治理三年行动计划实施意见》,明确"厂、网、湿一根轴,水、气、泥一盘棋,市、县、镇、村一张网"治理思路,确立"设施全覆盖、尾水全提标、监管全方位"总体要求,对污水管网检查和修复的排查原则、工作要求、年度任务都进行了明确,把城市中心区精细化开展污水管网修复改造做法向全市推广。今后三年,苏州市在推进污水提质增效工作中预计将投入约 400 亿元。

在推进污水提质增效过程中,仅仅依靠传统控源截污措施,已无法满足当前形势下城市发展对污水行业的需求以及人民日益提升的生活品质。近年来苏州污水系统提质增效得以高水平、高质量推进,主要得益于以下几个方面:

1. 目标明确、任务细化

始终坚持雨污分流、支管到户的原则是污水系统提质增效的根本。厕所、厨房污水直接接入市政污水管网,是从源头解决河道排污的唯一策略。临时挂管或污水截流是由于部分片区后期养护困难、设备寿命短、运行不稳定等因素影响,为从源头解决污染源争取时间而采用的,只能作为一种过渡手段。

2. 摸清底数、追根溯源

前期的细致摸排是污水系统提质增效的基础。有组织、有重点排查不同区域管网的雨污互通、私接、渗漏等情况,通过对外水水质分析,管网液位、水量和水质等情况综合分析,判断问题成因,为下一步决策和制定方案提供支撑和依据。

3. 具体问题、具体分析

因地制宜、分类解决是污水系统提质增效的保障。根据管网不同区域不同状况制定改造修复方案:雨污互通点采取封堵措施,管网漏损点采取修复措施,直排点采取封堵改造措施,排水不规范行为采取专项改造和执法教育并行措施。

4. 敢于探索、勇于实践

由于苏州老城区的特殊性、局限性、无可参照性,苏州在管网漏损修复工作上遇到了种种瓶颈,但苏州积极研究国内外先进技术,反复试验,积累大量数据后投入实践,在试点区的非开挖修复上取得了良好成效后再全面铺开。

5. 凝心聚力、久久为功

污水治理是一项综合复杂的工作,需要各部门各条块紧密协调配合。在当前打好打赢水污染防治攻坚的大背景下,更需要各部门加强责任担当,科学谋划控源截污、水岸同治、执法管理等治污治水措施,形成建管并重、齐抓共管的良好工作格局。

二、 无锡市控源截污典型案例

(一) 概况

无锡市自 2008 年起,实施了第一轮控源截污工作,共创建排水达标区 5081 块,覆盖面积 910 平方公里,总投资近 27.8 亿元,累计敷设地下雨污水管线 6710 公里、立管 2720 公里,规范单位用户 5.45 万家、住宅户近 100 万户。

为了全面实现太湖水治理目标,2016 年起,开展新一轮深化排水达标区建设,在解决原有排水达标区遗留问题的同时,扩大排水达标区覆盖范围,将涉及重点河道、黑臭水体等严重制约环境质量的区块优先纳入新一轮排水达标区建设范围,并进一步规范排水行为,严格执行雨污分流,实现污水应收尽收。至 2020 年,全市计划完成复查整改 4566 个已建成排水达标区,新创建 590 个排水达标区,共计5156 个。

截至 2018 年底,2016 至 2018 年三年任务基本完成,完成新创建排水达标区 352 块,完成复查和整改 3754 块。2019 年全市计划完成创建任务 118 块,复查任务 1016 块,目前均有序推进。五年投资约为 20 亿元。

(二) 主要做法

1. 重点推进"两个创新""三个保障"

"两个创新",即创新采用"四位一体"排查和第三方检测验收,按照排查、检测、测绘、设计"四位一体"建设模式,进一步改进排查方法,优化整治措施,提高整治质量。完成整治的区块,由第三方进行检测验收,坚决做到"竣工一块、验收一块、合格一块",到2020年底全面完成深化排水达标区建设工作,形成长效管理体系,实现动态管理。

"三个保障",一是通过制定无锡市地方排水技术规程,明确主材质量,优化施工工艺,提高质量标准,对新建小区自建排水设施严格按照新标准新要求实施验收,以质量为前提,确保新建一块,合格一块。二是加大对排水户私接乱接的处罚力度,从源头上杜绝雨污混接现象,2016年至今,完成排水处罚案件立案处罚27起,处罚金额33.1万元。三是全面推进"雨污同治"的建设模式,对30年管龄的雨污水管道全部翻建,防止雨污水管道破损混接,统一采用铸铁管或PE实壁管,不再是"头痛医头,脚痛医脚"。

2016年以来,无锡市围绕建设目标,不断完善排水达标区建设标准,建立验收考核机制,加强雨污分流方案审核和指导,加大对各地考核督导力度。一是完善考核机制,建立了"市级牵头,各区参与"的联合验收机制,组织排水达标区建设考核小组培训,对考核小组成员进行技术性指导,明确了清单管理的具体内容。二是优化考核办法,按照"重点突出、兼顾全面"的原则,对河道周边块面重点查,对块面内雨水、污水出口重点查,对管道质量重点查,对混接错接等重点查,形成了一套考核的标准和办法。三是推进考核工作,在9月前完成对市区2018年前完成整治任务的2588个块面的第一轮考核,截至2019年6月底,已经完成510个块面,约占20%。

2. 重点推进主次管网提质增效工程

2019年,国家、省相继下发《城镇生活污水处理提质增效三年行动方案》。无锡市严格贯彻方案要求,积极推进,组织开展编制无锡市行动方案,以管网为核心,推进厂网一体化管理,通过管网检测和修复,进一步实现污水运行低水位。

以城市水环境质量改善为核心,推进"深化排水达标区建设、污水处理厂提标改造、污水运行提质增效"三项具体举措,将污水运行"两高一低"作为工作目标,实现污水治理"进水高浓度、出水高标准、运行低水位"的高效运行,推动无锡城市水质逐年向好、不断改善,有效推进无锡市排水行业的高质量发展。自2017年以来,无锡市组织开展了无锡市30年以来首次污水管网系统性检测和修复工作,建立以"主管网为枝干、达标区为支撑"的网格系统,明确污水接驳井、监测井,建立水质水量监测体系,真正做到水质监测一张网、管网养护一盘棋。坚持"排查、设计、施工、材质、养护、监管"六个高质量,到2021年,建成城市污水主要管网、排水达标区管网和排水户管网的网格体系,做到"一张图讲得清资产、一本账讲得清养护,一只井分得清责任"。积极推进管网运行养护高标准,建立标准化养护机制,对管网、泵站等重要设施建立健康检查机制和专项维护改造机制,确保设施安全运行。

(三) 主要成效

1. 建章立制

出台了《无锡市排水管理条例》,建立了排水许可、方案审核和工程验收机制。相继出台了《无锡市深化排水达标区考核验收办法》《无锡市污水设施工程建设技术指南》等规章和技术规程,进一步规范了无锡市排水达标区建设质量管控体系。

2. 全面覆盖

通过第一轮三年控源截污排水达标区建设,无锡市基本实现了

"污水管网全覆盖,污水排放全收集,污水处理全达标"三个要求,污水处理厂覆盖所有城镇,且全部达到一级 A 排放标准,全市污水处理量每年以 20% 以上的幅度增长,全市(含江阴、宜兴)城镇生活污水集中处理率也得到了进一步提升。无锡市城镇污水集中处理率由 2009 年的不到 90% ,到 2018 年达到 97.28% ,全省排名第一。

3. 长效管理

无锡市出台了《无锡市控源截污规范排水行为长效管理实施办法》,明确了各地、各部门在长效管理中的职责、排水管理机构和人员的具体要求、排水设施的运行维护责任以及养护标准,落实了排水达标区的日常监管责任、控源截污长效管理经费保障和监督考核等相关内容。

三、 常州市排水许可管理案例

(一) 概况

1. 基本情况

实施范围和面积:常州市天宁区、钟楼区和新北区,市排水处所辖范围。面积约 367.5 平方公里。

主要问题分析:一是"排水条例"和"排水许可管理办法"明确了排水许可制度,但缺乏配套的实施细则。为此,如何制定既符合上位法精神和要求又切合地方实际的管理制度,落实好"简政便民"的工作要求?二是多年来,常州市排水源头管理采用"污水处理合同"模式管理,为排水户所接受,管控有力、效果良好。为此,排水许可管理工作如何与既有模式相衔接,实现有序推进、平稳过渡?三是"排水条例"未出台前,排水户源头管理缺少上位法律法规支撑,排水行为刚性约束不强。一些排水户法制意识淡薄,存在超标超范围排水、偷排等违法行为,在"重地上、轻地下"的心理影响下,导致管道雨污混接、跑冒滴漏,排水户能力不足,设施运行和管理水平不理想。为此,如何推动此类排水户主动整改(改进)、领证,规范其排水行为? 四是长期以来,行政执法处理案件的经济和时间成本高,而违法成本低,缺少有力抓手,管控效果不佳。为此,如何在排水监管领域落实"加强事中事后管理"的要求,保证监管力度不松、效果不减? 五是排水源头管理信息化、规范化水平还不高。为此,如何通过排水许可工作推进提升整体工作水平再上新台阶? 六是排水许可管理工作对人员在法律、专业技术上提出了高要求,排水许可核查工作量大、难度高。为此,如何解决好有限资源与大工作量间的矛盾,积极推进许可工作?

2. 主要内容

目标:形成与合同管理模式并行的常州市排水许可管理制度,具体包括排水许可证核发流程(接管手续办理流程)、排水许可核查流程(技术指导服务流程)、排水许可监督与检查工作流程。至 2021年,一般排水户许可证核发比例不低于 70%,重点排水户不低于90%。建立排水许可工作信息化系统,对所有发证排水户和申报户实行信息化管理。

建设(执行)标准:行政许可法、排水条例、排水许可管理办法,常州市行政执法程序暂行规定,常州市政府投资信息化建设项目管理办法。

实施时间:第一阶段为 2015 年 3 月—2016 年 2 月,完成培训调研、实施方案编写、事项入驻、具备发证能力;第二阶段为 2016 年 3 月—2017 年 12 月,完成既有排水户许可证核发、实现"单轨制"向"双轨制"

转换过渡,建成许可信息系统并运行;第三阶段为 2018 年 1 月—2020 年 12 月,全面推进、不断优化办证流程,完成目标发证率。

投资:总投资约 200 万元。主要包括水质检测、排放口电子标签、排水图纸测绘、文件扫描、硬件配套(扫描仪、打印机、执法记录仪、车辆等)和信息系统建设等。

(二) 主要做法

1. 学习调研,培训提升

组织有关负责同志、工作人员参加住建部排水条例、许可管理办法培训学习,并赴兄弟城市调研学习有关做法和经验。通过交流讨论,对核发流程、案件执法、信息系统等方面内容,以及其他可能面临的问题有了深入的了解和认识,为工作推进打下良好基础。

2. 系统规划,编制方案

结合常州实际,系统编制实施方案,明确实施主体、范围对象、部门分工、办理流程、时间计划等相关事项,以及"分类管理、分步实施"的原则。确定两年过渡期,对于已签订污水处理合同的既有排水户,利用合同续签的时机补办许可证;对于新增排水户,严格按照规定核发许可证;对于影响小的小排水户不纳入排水许可范围,仅办理接管证明,合理分配行政管理资源。

3. 双轨并行,优势互补

实行"许可 + 合同"的双轨并行管理模式,一方面严格落实排水许可工作推进要求,充分发挥行政执法管理的强制性、权威性、规范性的作用;另一方面保留发挥好合同模式在促成良性互动和保障污水运营企业权益方面的效率优势。引导排水户提高认识,加强依法依规排水意识,不断提升排水源头管理水平,实现两者优势互补。

4. 多方协调,合作推进

在系统内部,加强排水管理业务部门与政务服务管理部门(处室)的协作,使政务服务(行政审批)要求和业务管理需求有机融合,合理设置审批流程,精简环节。加强与环保部门和乡镇(园区)的沟通与合作,将有关排水核查信息与各部门分享,共同督促排水户开展雨污分流改造、截污纳管;在辖市区、乡镇街道(园区)召开宣讲动员会,讲解分流改造要点和手续办理流程,提高企业负责人和有关工作人员的认识。

5. 简政便民,不断优化

树立不断改进优化的工作意识,不断优化内部工作流程。譬如将采样口现场指认移交优化为电子移交,提高效率,节约资源。在工作推进过程中,紧紧按照上级要求、重视办事群众需求,对发现的新问题一一记录讨论形成"既定事项",实时更新改进。自 2016 年以来,共梳理出 9 个方面共计 102 项问题,使得工作体系日臻完善,运行效能不断提高,百姓办事更为方便。排水许可事项先后实现了网上办理,在微信页面公布指南,申报资料提供网盘下载,建立 QQ 服务咨询群等,让"数据多跑路、群众少跑腿",做到一次告知、网上指导,满足了办事人员的不同需求,极大方便了群众。

6. 加强指导,寓管理于服务

充分运用好合同模式中排水户建设项目全生命周期服务经验,在"规划—设计—施工—验收—运行"的过程中,提供免费的技术指导,包括加强对施工单位的监管,对工程设计方案、预处理方案的审查与指导,对企业预处理设施工艺运行调控的指导;加强监测,借助合同管理引导企业不断提高管理水平,减少行政违法风险。排水许可办理实行"联络员"制度,为排水户在资料收集整理、技术参数填报等方面提供指导和帮助。在初期,为排水户提供图纸免费测绘、材料扫描等服务,促进排水户主动办理。

7. 加强执法,规范工作(记录仪、文书等)

实行标准规范的执法工作流程,配备执法记录仪,在亮证、告知、释法、笔录、证据采集(采样)等环节做到规范操作,彰显法律法规的权威性与严肃性,确保执法行为和证据的有效性。树立执法即普法的理念,在与行政相对人(排水户)互动过程中,宣讲有关法律法规知识,引导其配合工作,主动积极整改、保护排水设施。对违法情节严重、拒不整改的违法排水户立案查处、依法处罚。

8. 信息化助力

建立排水许可管理信息化系统,于 2017 年 5 月正式投运。系统满足了排水户基本信息和技术信息数据化(录入、查询、统计、导出)以及分类管理的需求,实现了材料电子化、文书自动生成、审核流转和进度跟踪等功能,显著提高了行政效率和正确率,成为城镇排水大数据的重要组成之一。

(三) 主要成效

截至 2019 年 7 月,核发排水许可证 1056 张,其中,一般排水户为 1051 张(共 1200 余户),占比约 87.6%;重点排水户为 5 张(共 25 户),占比 20%。督促排水户进行管道工程整改数量 2231 处,出具检查整改通知书 151 份,现场笔录 87 份。排水户瞬时抽检达标率超过 96%,污水厂进水水质全面达标,出水均优于一级 A 标准;行政处罚,立案处罚 2 起。

(四) 经验教训

1. 高度重视排水许可和源头管理工作

促使排水户达标排放是保障城镇排水与污水处理设施稳定安全

运行的基础性工作之一,是污水处理提质增效工作的一个重要环节。规范管理排水行为,可以有效提升城镇污水处理绩效。

2. 因地制宜推进排水许可工作

为使排水许可制度落地实施,应根据地方管理历史、排水户认识水平、现状管理能力等情况,研究出台有关实施细则。应加大工作力度,谋划长远、久久为功,持续推进这项工作。

3. 加强宣传,营造舆论氛围

2016 年 2 月,首张排水许可证颁发时,常州日报、常州新闻作了报道,通过新闻媒体广而告之,使广大排水户对该项政策有了全面了解,为推行排水许可制度打下基础。今后,针对重点案例可开展新闻宣传,引导排水户依法依规排水。

4. 加强与其他部门、地方政府的工作配合

排水户面广量大,排水许可工作的推进应与黑臭水体整治、263专项整治行动结合起来,紧紧依靠地方政府部门的配合和支持,实现事半功倍的效果,共同推进排水户规范排水。

四、 村庄污水治理典型案例

(一) 丹阳等地的 "EPC + O" 模式

丹阳市通过市场化运作,委托专业化公司采用"EPC + O"的方式负责村庄生活污水治理工程的设计、施工安装、运行维护等全过程的投资、建设、运行管理,建设过程中严把管材质量关,全部采用成品化粪池、管道、窨井、沉沙井等设备。

加强组织领导。建立高位协调机制,快速化解矛盾,成立丹阳市

新一轮村庄生活污水治理工作领导小组。领导小组由市委督查室、发改委、财政局、规划局、国土局、住建局、投资集团、水务集团等相关部门和各镇区分管领导组成,明确各领导小组成员的职责范围,在工程实施过程中,形成每周工程推进例会制度,强势推进各项工作。同时,市政府不定期将工程推进中存在的问题,利用督察专报的形式,督促各镇区尽快将问题解决到位。建立市、镇、村协调机制。每进入一个乡镇施工之前,市政府分管副市长、住建局局长、水务集团董事长共同召集各镇党政一把手以及涉及的村委会书记召开推进会议,强调工作的重要性,要求各镇必须作为今年的主要工作来抓,成立专门的矛盾协调班子,做到矛盾出现不过夜,确保施工队能正常施工,为顺利完成年度任务做好保障工作。市水务集团制定了《丹阳市村庄生活污水治理作业指导手册》下发各施工班组,现场管理人员,统一施工规范。

创新运营模式。为确保新一轮村庄生活污水治理效果,建成的设施能长期稳定运行,按照省住建厅提出的"政府主导、企业运营、因地制宜、逐步推进"的总体思路,采用了市场化运作、项目总承包形式实施一体化推进、规模化建设和专业化管护,招标委托1家专业总包商负责村庄生活污水治理工程的设计、施工安装、运行维护等全过程的投资、建设、运行管理。建设加运营期共20年,其中建设期3年,综合运营期18年(EPC+O)。项目由总包商负责统一运维,市政府委派专门机构,建立健全监管机制,利用资金作抓手,根据项目合同制定的百分制考核表对项目运维进行绩效考核,并将考核结果与运维付费挂钩。

(二) 常熟等地的"四统一"模式

常熟市推行"统一规划、统一建设、统一管理、统一运行"的"四统一"模式,创新"政府购买服务、企业一体化运作、委托第三方监管"机制,在全国首推农村分散污水治理 PPP 项目,由项目公司全过程、一体化负责项目融资、设计、建设以及设施运营维护,政府以支付污水处理服务费的方式购买服务。常熟市还委托第三方对村庄生活污水处理设施运行状态进行评估,并对运行中出现的问题提供技术支持,大大提高了村庄生活污水处理设施运行效率。

强化部门联动。市水务局制订建设管理办法,拟定项目建设计划,协调和推进项目建设,监督考核项目建设履约情况,会同市财政局组织采购 PPP 项目实施单位。市水务投资发展有限公司是农村生活污水治理项目的建设主体,污水厂和主管网由公司直接组织实施,村庄支管网由公司委托各镇代建;各镇是推进项目建设的责任主体,具体负责代建项目的同时,协助推进并监督其他污水项目建设;PPP 项目公司是分散式污水处理项目建设和运营的责任主体,全过程、一体化负责污水处理设施建设和运行维护。市财政局按政府投资项目相关规定组织投资估算、概算和标底评审,落实跟踪审价单位,监管建设资金,将自来水费中附征的污水处理费作为污水设施建设和运维资金还贷或购买服务的付费来源。市发改委通过项目生成机制,确定年度建设项目,监督项目建设情况,协调解决重大项目推进中存在问题和困难。资规局、住建局、生态环境局等按照各自职责负责项目建设审批和监管。

强化建设运维。出台农村分散式污水处理项目建设实施意见和农村集中式生活污水处理项目建设管理实施细则;制定工程质量管理体系、施工关键工序质量控制和材料进场检验制度;针对室内防臭、雨水侵入设施问题,因户制宜分类设置存水弯,规范建设检查井和设施顶板,构建质量控制标准,提高项目质量管理水平。从运营组织、运行与维护、工艺安全和环境管理等方面,规范设施运行和监督管理;制订进出水水质检测和第三方监管方案,提高运行管理实效性;探索分散式污水设施污泥处置方式,确保污泥处置安全;出台分散式污水处理设施管理保护办法,从规划建设、设施巡查、设施保护、损失理赔等方面进一步完善设施运行维护机制,明确相关管理措施、理赔责任和补偿计算方法,加强设施日常保护。

强化监督检查。建立项目监管机制,明确市镇村三级监管方式,市农水办以抽查为主,镇建设部门以巡查为主,所在村以现场检查为主,各自分工,齐抓共管。建立第三方监管制度,水务局公开采购农村分散式污水处理第三方监管服务,将设施建设管理、运行维护委托第三方监管,第三方制定设施现场检查技术规程和评判标准(35项综合评判法),参与新建分散式设施设计方案审查、工程检查和竣工验收,对运行单位运行维护情况实地检查和水质快速检测,现场采集、制备水样送专业检测单位检测,每半年一次阶段性评价和一年一次总体性评价,为全市农村分散式设施建设和运行提供技术支撑。制定农村分散式污水处理设施考核办法,结合第三方监管情况,实行季度考核,按考核结果支付污水处理服务费。

(三) 昆山等地的"互联网+"创新监管

昆山市利用"互联网+",按照"数据采集—区域运维—市级监控"三层框架构建信息化系统,建成4个区域运维控制中心和1个市级总监控平台,各独立设施站点均安装控制系统和在线监测仪,对出水水质进行连续在线监测,实现农村生活污水处理科学高效的运行和监管。

一是财政资金保障到位,市财政除了承担全市农村污水治理建设资金外,每年安排3000万元专项用于全市农村污水设施的运行维护,安排2000万元专项用于全市农村污水设施的完善改造工程,安排40万元考核经费专项用于聘请第三方专业机构,配合主管部门监督考核。区镇作为属地责任主体,安排专项维修资金,专门用于农房翻建或其他村庄建设过程中的管网维修保护。

二是长效管理保障到位,设立市级农污运管中心,明确农污设施和管网运维养护全部由市水务集团统一负责,为全市建成运行的323个农村污水处理独立设施建立"一站一档"健康档案,真正做到有档可查,有的放矢。制定《昆山市农村生活污水治理设施运行管理考核办法》,建立苏州市、昆山市、水务集团、镇、村"五位一体"考核体系,构建"监管、运管、责任、协管、服务"的监管框架,各级主体职责明确,责任到位,实现农村生活污水治理工作的闭环化管理目标。

三是信息化监控巡查到位,结合全市污水信息框架,建立农村生活污水治理设施管理信息平台,通过"互联网＋智能遥感"、云计算机等信息技术、监理数字化服务网络和监控平台,构建"三层架构"的农村污水监控展示体系(第一层:运行监控总平台,第二层:运维分中心平台,第三层:独立设施站点控制系统),实现全市农村污水设施站点信息实时上传和水质在线监测,切实有效地为农村生活污水治理提供了信息保障,更好地实现管理和应用高效化。

五、生活垃圾处理典型案例

(一)南京江南(光大)垃圾焚烧发电厂

南京江南(光大)垃圾焚烧发电厂位于江宁区铜井镇,占地

17.33公顷,是江苏省最大的生活垃圾处置项目,也是国内第一个采用SCR(炉外脱硝)的生活垃圾焚烧发电项目。项目设计规模日处理垃圾4000吨。一期项目2012年10月开工建设,2014年6月底建成投产,总投资10.56亿元,日处理生活垃圾2000吨,年处理生活垃圾66万吨。二期项目2016年1月开工建设,2017年3月底试运行,总投资9.8亿元,设计规模日处理生活垃圾2000吨。项目采用先进的炉排炉工艺,采用组合工艺处理烟气,烟气中的氮氧化物排放浓度控制在80毫克/立方米以内,远远优于欧盟2010标准(200毫克/立方米)。烟气监测系统与当地环保部门在线联网,环保排放指标向社会及时公布;垃圾渗滤液经处理后,出水达到一级A排放标准,中水回用于生产系统,实现污水"零"排放。项目被授予最具"智能增效价值"奖。

项目自2014年6月26日并网发电至2019年5月31日,累计焚烧处理生活646.97万吨,相当于节约填埋土地646.97万立方米,累计发电24.05亿千瓦时,是江苏乃至全国生态文明示范与垃圾焚烧行业绿色发展的典范。

(二) 镇江市餐厨废弃物及污泥协同处理项目

镇江市餐厨废弃物及污泥协同处理项目是全国首家按照餐厨废弃物与生活污泥协同处置技术路线实施的项目。2018年7月,获国家"水专项——城市污泥及有机质的联合生物质能源回收与综合利用技术"示范基地称号。

2015年5月,镇江市餐厨废弃物及污泥协同处理项目一期开工建设,占地3公顷,投资1.68亿元。项目采用"餐厨源头预处理+污泥热水解+污泥、餐厨废弃物协同厌氧消化+沼渣深度脱水太阳能干化＋沼气净化提纯制天然气"工艺方案,整个处理过程近乎零排放,形成完整的碳循环、能量循环、水循环。2017年1月,上线"餐厨废弃物信息化管理平台",提升监管水平和效率。截至2019年5月,项目餐厨废弃物处理量220吨/日,污泥处理量120吨/日,生物碳土产生量达35吨/日,产沼气11000立方米/日,每日输送成品天然气4000立方米。

（三）苏州市全面推进生活垃圾分类工作案例

一、工作概述

当前苏州市取得的成效主要有以下四点:

一是分类体系不断完善。"大分流,细分类"垃圾处理体系得到丰富发展(从最初分类方式中引申出了大件垃圾类别,将厨余垃圾作为当前的主攻方向)。按照"不同人员,不同车辆,不同要求,不同去向"的要求初步建立了垃圾分类收集、运输、处理体系。

二是体制机制不断健全。完成垃圾分类领导小组提档升级。完善分类规划制度、起草制订分类条例。创造性开创纪委嵌入式监督模式。

三是能力保障不断提高。2018年以来,全市3座垃圾焚烧厂、4座建筑垃圾处置厂开工建设,5座餐厨垃圾处理厂投入运营,城乡334个易腐垃圾处理站、25处绿化垃圾处理设施投产,确保垃圾分类处置。

四是分类基础不断巩固。部门协同普遍落实,分类设施普遍覆盖,社会共识普遍形成。

二、具体做法

（一）领导重视,顶层设计,推动分类工作实施

1. 不断提高政治站位。2018年以来,市四套班子主要领导多次

实地调研指导垃圾分类工作。省委常委、市委书记周乃翔,市长李亚平,市人大常委会主任陈振一,市政协主席周伟强,市委副书记朱民等领导多次专题研究垃圾分类工作。周乃翔多次对垃圾分类作出讲话、批示。近年来,苏州市政府每年召开全市会议,推进垃圾分类工作开展,2019年3月22日,江海副市长组织召开苏州市城市生活垃圾分类处置工作领导小组会议,传达了上海会议精神,总结去年以来苏州市垃圾治理工作取得的经验,部署今年各项目标任务。7月20日,市委副书记、市长李亚平组织召开苏州市生活垃圾分类工作领导小组会议,市委常委、市纪委书记刘乐明参会,要求各地进一步提高思想认识,从践行绿色发展理念、加强生态文明建设的高度,学习借鉴先进城市的经验做法,有力、有序、有效地推动垃圾分类工作开展。

2. 提升完善工作机制。苏州市早在2012年就成立城市生活垃圾分类处置工作领导小组,2019年苏州市政府将领导小组调整并成立了"苏州市生活垃圾分类工作领导小组",由市长任组长、市委副书记任常务副组长,市人大、市政府、市政协相关领导任副组长,相关部门主要负责人为领导小组成员,领导小组将建立联席会议制度,定期召开协调会和专题会议,各部门通力配合,共同推进垃圾分类工作。同时,苏州市要求各市、区政府(管委会)设立日常管理机构,充实专职工作人员,各市、区政府(管委会)配备专职工作人员3—5名,街道(镇)配备专职工作人员不少于2名,社区(行政村)配备专职工作人员不少于1名。

3. 监督落实工作任务。为督促相关部门和单位落实生活垃圾分类工作职责,加大推进力度,苏州市纪委监委多次召开座谈会,推进工作进展。市委常委、市纪委书记、市监委主任刘乐明多次召开推进会,要求相关部门在垃圾分类工作中要提高政治站位,坚持问题导向,突出系统谋划,强化责任落实。市、区两级纪委监委和所有相关部门的派驻纪检组都对照垃圾分类工作职责和年度任务,督促相关部门担当尽责、主动作为,对在推进中出现的不作为、慢作为、乱作为以及形式主义、官僚主义等问题,将开展严肃问责。同时,近年来,在《勇当"两个标杆"落实"四个突出"建设"四个名城"十二项三年行动计划(2018—2020 年)》《集中整治形式主义、官僚主义三年行动计划(2019—2021 年)》《对市城市管理局生活垃圾分类处置工作开展监督检查的工作方案》中都明确垃圾分类工作要求,各项任务有目标有落实,极大促进了工作的推进。

4. 持续完善相关法规。近年来,苏州市每年制定年度垃圾分类行动方案,编制完成《苏州市区生活垃圾分类和治理专项规划(2017—2020)》,出台了 40 多部规范性文件,完善了垃圾分类相关的政策法规。2019 年,苏州市还重点围绕《苏州市生活垃圾分类管理条例》的编制开展政策法规体系建设工作,通过现场调研,召开市区、部门及市民代表座谈会等大量前期工作,完成了《苏州市生活垃圾分类管理条例(草案)》编制,并于 6 月 27 日通过了苏州市人大常委会的第一次审议,9 月 3 日—5 日,首次召开《苏州市生活垃圾分类管理条例(草案)》网上立法听证会(这是苏州自 1993 年取得地方立法权,开展地方立法工作 27 年来,首次举行网上立法听证会),计划 10 月二审,年内正式颁布。

(二)认清形势,迎难而上,推进处理设施建设

1. 加快焚烧处置能力建设。为改善环境,提高垃圾处置能力,市区编制《七子山静脉产业园环境提升工程方案》,成立李亚平市长为组长的领导小组,计划总投资 50 多亿用于项目的建设,服务改善周边环境和经济的发展。2017 年 11 月,启动焚烧发电厂的提标改

造工作,处理规模由现在的日处理能力 3750 吨提高至 6850 吨,实现"增量不增排",做到原生垃圾"零填埋",彻底改变周边的生态环境。截至 2019 年上半年,全市有焚烧处理能力 10500 吨/天,在建两项目年内将新增能力 4050 吨/天。另外年内将启动建设四个项目,设计处理能力为 9250 吨/天。

2. 扩大餐厨垃圾处理能力。2018 年,苏州市区集中收运并资源化利用餐厨垃圾 13.9 万吨,处理量已超过现有餐厨厂的设计能力。为解决餐厨垃圾处置能力不足的问题,市区已启动新的餐厨垃圾处理厂建设,其中 3 座已开始投入运行或试运行,新增处理能力 700 吨/天;另有 1 座将于 2020 年前正式投运。届时苏州市区餐厨垃圾处理能力将达到 1250 吨,在实现餐厨垃圾全量处理的前提下,还将协同处置居民小区的厨余垃圾。

3. 推进建筑垃圾处置能力建设。2018 年,苏州市区集中收运并资源化利用建筑(拆迁)垃圾 113 万吨。为解决装修垃圾问题,苏州市制定了《苏州市区装修垃圾无害化处理资源化利用工作实施方案》,并启动了年处理能力 15 万吨的装修垃圾处理中心项目建设,项目将于 2019 年建成投运。同时还启动了 30 万吨/年的二期项目。

4. 推进农贸市场易腐垃圾处置能力建设。苏州市区采用"就地 + 相对集中"的模式,对农贸市场产生的易腐垃圾进行资源化利用。苏州市制定了相关配套文件,对不分类的农贸市场采取拒收措施,全面推进农贸市场生活垃圾强制分类,目前已建成农贸市场易腐垃圾处置设施 67 座,覆盖农贸市场 181 个,覆盖率 87%,2018 年累计处置易腐垃圾 1.9 万吨。

5. 推进园林绿化垃圾处置能力建设。苏州市区采用"集中 + 就地"模式,由市区两级相关部门建设园林绿化资源化利用设施。目前已建成 20 座资源化利用设施,将园林绿化垃圾资源化利用制成塑木、燃料棒、再生板材原料等,2018 年累计资源化利用园林绿化垃圾 3.2 万吨。

6. 推进大件垃圾处置能力建设。苏州市区采用"就地"模式,要求各地配备中小型设施,对大件垃圾进行破碎拆解,并对有使用价值的破碎物进行资源化利用。目前已经建成 16 座大件垃圾破碎拆解点,2018 年市区累计分类资源化利用大件垃圾 10.3 万吨。

7. 探索厨余垃圾处置设施建设。采用"就地 + 协同 + 集中"模式探索建设厨余垃圾处理设施。就地方面,在有条件的居民小区使用小型就地处理设施进行处置;协同方面,利用农贸市场易腐垃圾和农村可堆肥垃圾处理设施进行协同处置,当前市区已建成农村易腐垃圾处理站 100 座;集中方面,把厨余垃圾集中运输至餐厨垃圾(厨余垃圾)处理设施进行处置。

(三)科学计划,狠抓落实,全面开展示范推广

1. 加强公共机构生活垃圾分类实施指导。建立对党政机关的考核机制,严格按要求配套建设分类设施,组织业务培训,并将垃圾分类纳入党建,当前已完成市区直属党政机关全覆盖,开展垃圾分类的公共机构和相关单位 2229 家。

2. 努力拓展示范片区建设。按照住建部要求,制定了《苏州市城市生活垃圾分类片区验收办法》,推进和规范示范片区建设,2018 年完成示范片区建设 12 个,市区已开展垃圾分类小区 1123 个,覆盖率为 75.9%。至 2019 年底,我市垃圾分类覆盖率将达到 80% 以上,张家港市、昆山市、高新区全域推进。

3. 不断完善有害垃圾收运处体系建设。按照"小区源头分类投放—区级分类中转储存—市级分类统一处置"模式开展有害垃圾分

类工作。居民将有害垃圾投放至有害垃圾专用收集箱(对过期药品单独设置了130个回收点),再由各区负责收集并在区级储存点分类储存,最后由市城管局统一委托有资质的企业至各区的储存点进行收运并无害化处置。目前各区已建成储存点39处,配置有害垃圾专用收集车辆66辆。2018年,市区累计收集并无害化处置有害垃圾46.02吨,其中废旧灯管33.6吨,电池5.26吨,过期药品2.16吨,废弃包装容器和废油漆桶等其他有害垃圾5吨。2019年上半年已收集有害垃圾34.537吨。

4. 拓展可回收物收运处体系建设。苏州市区可回收物的回收依托再生资源回收体系,建立了"社区回收点—中心分拣站—再生资源产业园"三级回收网络,市区已建成114个社区回收点,3个大型分拣中心及1个再生资源产业园,2018年累计回收各类可回收物63.56万吨。2018年,苏州市区还完成了"互联网+垃圾分类平台"的建设,实现了可回收物的精准到户分类及上门回收,目前平台注册用户已超过15万人。

5. 加大厨余垃圾收运体系建设。苏州市小区厨余垃圾基本采用直运模式,即对居民厨余垃圾进行收运后直接运送至各类处置点,做到日产日清。当前,各地因地因对象的不同,采用督导员、积分奖励、定时定点等多模式推进厨余垃圾分类工作。当前,市区配置专用厨余垃圾收集车辆37辆,至年底,开展厨余垃圾分类的小区将不低于20%。

6. 加强居民小区垃圾分类长效管理,破解混收混运难题。采取加强监督考核,第三方单独收运可回收物及有害垃圾等措施,加强对既有分类小区的长效管理,重点加强对混收混运的监督管理。在"苏州垃圾分类"微信平台开设混收混运举报通道,动员广大市民对混合收运行为进行检举监督,对于发现混收混运的居民小区,取消"垃圾分类小区"称号,进行通报批评,并给予现金奖励。2018 年,苏州市还制定了《关于进一步加强生活垃圾分类收运杜绝混收混运的实施意见》,对垃圾分类转运体系建设、专业分类收运队伍、日常运行管理等提出了更为严格的要求,力争杜绝生活垃圾分类混收混运现象的发生。

7. 加强考核和宣传教育。苏州市制定《苏州市生活垃圾分类工作督查评价办法(2019 版)》,建立垃圾分类"五榜"制度:即"市、区季度绩效榜"、"街道(镇)月度绩效榜"、"社区(行政村)红灰榜"、"小区(自然村)光荣榜"以及"条线达标榜"。在各类督查工作中,市纪委监委持续全面介入推进垃圾分类工作,督促相关工作落到实处。每年,组织管理人员开展集中专题培训,已赴厦门、上海等城市集中学习。

苏州市还加强了对垃圾分类宣传教育发动工作,在社会上营造了更好的垃圾分类宣传氛围。志愿者活动方面,市区组建专业志愿者队伍 1 支,由 50 名"小蜜蜂宣讲团"、55 名"小蜜蜂先锋"及 30 名"小蜜蜂使者"组成;各区组建 86 支(家)志愿者队伍(单位),5475 名志愿者参与到生活垃圾分类工作中。宣传发动方面,通过入户宣传,提高公众垃圾分类知晓率和参与率。学校教育方面,编制完成《苏州市生活垃圾分类读本(幼儿园版)》和《苏州市生活垃圾分类读本(小学版)》,将在年内正式出版;社会教育方面,设置终端体验开放日,每年接待来自社区、学校、家庭团体进行实践教育。

8. 积极开展共同缔造活动。苏州市委组织部发文,要求充分发挥基层党组织和共产党员在垃圾分类中的作用,出台《关于在全市基层党组织和广大党员干部中开展生活垃圾分类工作的通知》,要求市级机关党组织将生活垃圾分类工作纳入基层党建工作内容;组织所属党员进街道、进社区开展生活垃圾分类指导工作,并结合志愿者开展入户宣传等共同缔造活动。目前,各区和基层单位已将垃圾分类与社区党建工作紧密结合,新建社区垃圾分类宣传阵地9处,并开展各种丰富多彩的垃圾分类活动,社区居民也主动承担起垃圾分类宣传员、践行员、督导员的正面角色。

(四)城乡一体,设施共享,推进农村垃圾分类

1. 加快推进设施建设。苏州市2015年开始启动农村生活垃圾分类工作,并逐步从"垃圾入桶"向"垃圾分类"精细化迈进,初步形成了具有苏州特色的农村生活垃圾分类体系。截至2018年底,累计753个行政村43万农户居民开展了垃圾分类,行政村覆盖率超过80%;全市共有70个镇(街道)开展全域农村生活垃圾分类试点镇建设,其中18个为省级全域农村生活垃圾分类试点;全市共建成镇级(村级)有机垃圾资源化处理站190个,日处理能力超过700吨,全市每月处置有机垃圾量超过1万吨。

2. 突出信息化管理支撑,提高运行管理效率。先后投入200多万元开发建设覆盖大市范围的农村生活垃圾分类监管信息化平台,运用物联网、二维码等技术,通过收运人员上门收集时对农户垃圾分类情况进行评价积分、处理站视频监控、处置设备称重数据上传等手段加强对垃圾分类投放、收运和处置全过程监管,也方便各级管理人员对辖区内运行情况的掌握和监督。目前,该平台每天采集全市垃圾分类数据超过65万条,全市有机垃圾收运日常平均扫码率超过70%。通过信息化积分系统,累计发放积分奖励金额超过500万元,调动了村民的参与积极性。

第三章
江苏省太湖流域水环境治理农业篇

太湖流域农业种植主要以水稻、茶果、蔬菜为主,农产品品质优良。统计年鉴数据显示,伴随着城市化、工业化步伐的不断加快和人民生活水平的不断提高,太湖流域农业在国民经济中的比重快速下降。与此同时,农业的规模化、专业化水平不断提高,现代物质技术装备水平不断提高,小农经济模式下种植业、养殖业和原有生产生活方式之间的闭合循环被打破,农业生产与环境承载能力负荷之间的关系有待重塑,太湖地区农业面源污染治理在探索实践中不断前行。

第一节　太湖流域农业发展概况

江苏既是经济大省,也是农业大省,农业发展历史悠久,农业生产条件得天独厚,长期以来一直是我国重要的农业产区,尤其太湖地区更是有"鱼米之乡"的美誉。

一、太湖流域农业发展模式演变①

　　江苏原本是农业大省,随着家庭联产承包责任制在江苏的普遍推行,人民公社制的废除,江苏农业农村经济进入了一个全新的发展时期。特别是从单一种植业向农林牧副渔全面发展,到以推动高效农业发展,再到积极发展现代农业,太湖流域5市在促进城乡统筹,不断提高农业综合生产能力的道路上不断先行先试。

（一） "苏南模式"下的传统农业

　　改革开放初期,江苏在"村村点火、户户冒烟"、乡镇企业"铺天盖地"的基础上,逐渐形成以苏州、无锡、常州为代表的"苏南模式"。苏南模式突破传统农业体制,发展以工业为主的非农产业,揭开了中国农村工业化的序幕。

　　乡镇企业的蓬勃发展,使江苏农村经济结构发生了较大变化。在坚持"决不放松粮食生产,积极发展多种经营"的方针下,合理调整农业生产结构,单一的种植业向农林牧副渔全面发展,农产品供给逐步丰富。

（二） 改革传统农业发展模式，推动高效农业发展

　　"苏南模式"带动太湖流域5市经济崛起,为传统农业改革提供了资金支持。在农村税费改革加快,强农惠农政策不断加大的大背景下,江苏改革传统农业发展模式,积极推进高效农业发展。通过科

---

① 参见《改革开放40年—农村篇:全面推进农村改革　三农发展铸就辉煌》,江苏省统计局网,http://tj.jiangsu.gov.cn/art/2018/11/12/art_4027_7877614.html。

技进步,提升高效农业发展的科技含量;通过加强农业基础设施建设,加大耕地保护和农业资源开发力度,夯实高效农业发展基础;通过农业结构战略性调整,推广农业适度规模经营,发展高效农业规模化,全力提高土地产出率,提升农业综合生产能力和竞争能力。

（三）推动可持续发展，促进现代农业提质增效

从江苏来看,现代农业产业体系包括优质粮油、设施园艺、规模畜牧、特色水产、休闲观光等五大产业有机组成部分。以太湖一级、二级保护区和生态引领区为核心,坚持生产和生态协调发展,在太湖流域着力推进"一建、二严、三推三强化"。加快构建现代农业产业体系,大力发展以绿色生态为导向的现代农业;严格控制化肥农药使用量,严格控制养殖污染排放;推进生态健康养殖,强化农业废弃物资源化利用;推进有机肥替代,强化绿色防控技术应用;推进农业功能区建设,强化轮作休耕、种养结合、农牧循环。

二、 农业供给侧结构性改革的探索实践

从农业产业结构来看,太湖流域苏锡常 3 市的种植业和渔业是支柱产业类型,其次为畜牧业、林业,3 市均以传统种植、生态农业、水产养殖、畜禽养殖等为主。太湖流域农业种植主要以水稻、茶果、蔬菜为主。农产品品质优良,如太湖大米、阳山水蜜桃远近闻名。但是随着城市化、工业化的不断加快,太湖流域耕地面积呈缩减趋势。同时,太湖流域农业土地流转加快,传统种植和养殖方式逐渐被规模化种养所取代,种养业专业化分工日益明显,一家一户分散承包的经

营方式逐步转变成农场化、园区化和企业化的规模经营方式,传统分散养殖逐步转变为养殖小区、养殖大户和养殖场等规模养殖方式。

(一) 轮作休耕试点探索耕地休养生息

近10多年来,江苏省率先在苏南地区启动轮作休耕试点,主要手段包括种植冬季绿肥,降低耕地利用强度,减少化肥农药投入,保护农田生态环境等。2007年,江苏启动了苏南地区绿肥种植以奖代补实践,每亩补贴60元,至2016年累计实施规模100多万亩次。江苏轮作休耕试点由基层首先启动,以秋冬季节性的轮作培肥为主,采取轮作换茬、冬耕晒垡、休耕培肥等3种方式,辅以淮北夏玉米旱作区改种大豆、花生等养地作物。2015年昆山市提出了利用5年左右时间将全市耕地轮作休耕一遍的目标,对休耕(含种植绿肥、豆科)的土地,按每亩200元的标准进行补贴,共实施3500多亩。2016年,江苏开展省级耕地休耕轮作试点。2017—2018年度省级下达25万亩休耕轮作任务,重点扩大太湖流域一级保护区实施范围。吴江、武进、宜兴等均将试点安排在太湖一级保护区内实施,面积达3.5万亩。

(二) 畜牧业总量调减结构优化

2017年末,苏南5市生猪存栏137.61万头、奶牛存栏3.02万头、家禽存栏2885.31万只,分别较2007年分别下降54.6%、67.4%、29.3%。同期,5市生猪大中型规模养殖(出栏500头以上)比重呈逐年上升,从2007年的31.28%增长至2017年的68.72%,增长了37.44个百分点。肉禽大中型规模养殖(出栏2万只)比重,从2007年的65.85%增长至2017年的77.47%,增长了11.62个百分点。蛋禽大中型规模养殖（存栏 2000 只）比重呈现逐年上升的趋势，从 2007 年的 66.32% 增长至 2017 年的 83.40%，增长了 17.08 个百分点。围绕畜牧业绿色转型，太湖流域着力推进生态健康养殖，集成推广了"猪—沼—粮""畜—沼—果蔬""有机肥＋"等一批农牧结合生态循环新技术、新模式。截至 2017 年底，太湖流域内累计创建省级畜牧生态健康养殖示范场 286 家、部级标准化示范场 36 家。苏州、无锡、常州、南京等地启动美丽生态牧场创建工作，着力打造一批种养结合、循环利用、农旅融合发展的畜牧业新典型。

（三）太湖网围养殖退出和增殖放流

太湖渔业资源丰富，主要有湖鲚、银鱼、鲌、鲤、鲫、鳊、草、青、鲢、鳙、鳗等鱼类资源以及青虾、白虾、蚬子等品种，其中鲤鲫鳊作为太湖土著鱼类，在渔业资源中占据较大份额，鲚为太湖单产最高的品种，鲢鳙鱼则是渔业资源增殖放流主要品种。1984 年，太湖开始围网养殖，先后形成了东太湖水域、竺山湖水域、梅梁湖水域、贡湖水域、光福潭东湾水域、胥口水域等围网养殖区域。太湖网围养殖经历了鼓励发展、控制压缩、全面整治、合理布局和全面取缔等阶段。2007 年，太湖围网养殖面积达 204314 亩，其中西太湖 26480 亩，东太湖 177834 亩。2008 年底，太湖围网养殖面积压缩整治至 4.5 万亩，全部规划安置在东太湖水域。顺应太湖水环境治理要求，2019 年 6 月，太湖 4.5 万亩围网全部拆除，太湖网围养殖成为历史。通过封湖休渔、增殖放流，可以达到以渔护水、以渔养水、以渔治水目的，对改善鱼类群落结构，维持生态平衡，改善湖体水质，效果十分明显。2007—2017 年，江苏省太湖渔管办每年平均投入增殖放流资金 1167 万元，放流鱼种 162 万斤；通过渔业捕捞（共计 55 万吨鱼）从湖体中移除碳66000吨、氮13750吨、磷1650吨；太湖放鱼节放流鱼种1454万斤,49980万尾,共投入资金10505万元。

太湖放鱼节

第二节　太湖流域农业面源治理路径实录[①]

　　农业面源污染面广量大,具有不固定性、隐蔽性和复杂性,对食品安全、土壤环境安全、水环境安全以及农村村容村貌的影响较大。农业面源污染治理,已成为江苏全面建成小康社会、推进农业可持续发展的重要内容。

---

① 参见吴沛良等《农业现代化工程读本》,南京:江苏人民出版社2013年版,第296—300页。

一、 农业面源污染概况

农业面源污染,是指农业生产和农民生活过程中产生的、未经合理处置的污染物对水体、土壤、空气及农产品造成的污染。其主要来源有两个方面:一个是农村居民生活废弃物,包括生活污水和生活垃圾;一个是农业生产废弃物,包括农业生产过程中因不合理使用而流失的农药、化肥等,以及未经处理利用的畜禽养殖粪污和水产养殖产生的水体污染物等。农业面源污染形成过程随机性大、影响因子多、分布范围广、潜伏周期长,具有潜在性、复杂性、隐蔽性和突发性等特征,其造成的危害比较大,且不易监测、难以量化,在治理和控制上难度较大。

太湖流域耕地复种指数和水稻等农作物单产水平大大高于全国平均水平,农药、化肥等农用化学投入品施用强度大,农业生产中过量施用氮素化肥、撒施和表施肥料的现象较为突出。在农药使用方面,采取了大量的农药减施措施,但多用药的现象仍在一定程度上存在,对水体、土壤环境造成了一定影响。

江苏畜牧业生产以猪、禽、牛、羊为主,规模化养殖业迅速发展。养殖形式主要包括大中型规模养殖、专业大户、养殖小区、专业合作组织及加工企业自建养殖基地等。从规模养殖发展特点看,规模畜禽养殖企业总量增加,规模养殖比重逐年提高;规模结构更加优化,散养户逐步退出。但也存在一些问题:一是布局不尽合理。部分养殖场建在人口稠密、交通方便和水源充沛的地方,往往离居民区或水源地较近。二是规模畜禽养殖场粪污处理的配套设施不完善,且一般规模畜禽养殖场所占比例较高。三是农牧脱节现象较为突出,畜禽养殖粪污产生量大。

二、 农业面源污染治理

治理农业面源污染,事关太湖水环境和城乡居民生活健康。近10多年来,太湖地区通过有力的财政投入、全方位的治理举措,大力发展生态循环农业和绿色有机农业,提升生态健康养殖水平,推进畜禽养殖综合治理和湖泊围网养殖综合整治,构建结构合理、良性循环的农业清洁生产体系,切实加大太湖流域农业面源污染治理力度,太湖流域农业农村生态环境改善取得积极成效。

(一) 围绕生态农业圈规划,着力推进循环农业和有机农业建设,深入挖掘农业多功能性

以太湖流域生态农业圈建设为核心,进行农业主功能区划分,对生态环境较好或水功能敏感的区域重点引导发展有机农业;其他区域因地制宜地大力发展循环农业,生产绿色农产品。重点推广节水灌溉措施,促进农业废弃物循环利用,减少污染物排放;研究解决农业化学投入品替代,降低生产成本,提高农产品质量;构建生态屏障,恢复与保护园区自然净化系统。建立环湖沿河湿地农业综合利用示范区,推广形式多样的湿地农业高效生态模式,把自然湿地保护、农业湿地建设与农业产业化结合起来。通过项目引导和政策激励等手段,以工程建设为抓手,协调环境效益与经济效益的关系,切实推进农业生产方式转变,实现生产规模化、资源循环化、园区生态化,逐步

建设成高效农业示范区。

建设高效农业示范区

（二）围绕规模畜禽场综合治理，大力提升生态健康养殖水平，全面推行综合治理措施

推动养殖区域布局调整优化。2017 年，江苏省农业农村厅制定下发畜牧业"十三五"规划和畜禽养殖布局调整指导意见等文件，指导各地根据当地资源禀赋现状、保供增收及养殖污染防治要求，加快调整优化产业布局，严控太湖等环境敏感区域养殖总量，宜养则养，宜减则减。苏南 5 市及 27 个主要涉牧县(市、区)全部制定方案，着力推进畜禽养殖区域布局调整优化。

实施禁养区关闭搬迁。组织摸底调查，建立禁养区关闭搬迁清单，开展养殖污染治理专题督察调研，建立禁养关闭周报制，定期下发通报,推进工作进展。截至 2017 年底,南京、镇江、常州、无锡、苏州 5 市禁养区 4405 家养殖场 100% 关停到位,累计减少存栏生猪46.02 万头、奶牛 0.34 万头、肉禽 959.3 万只、蛋禽 190.5 万只以及其他畜种 224.72 万头(万只)。

开展畜禽养殖污染治理。2017 年,江苏省农业农村厅会同省生态环境厅发布公告明确江苏畜禽养殖场规模标准(生猪存栏 200 头以上,家禽存栏 1 万只以上,奶牛存栏 50 头以上,肉牛存栏 100 头以上),并组织全省开展养殖场底数摸排。2017 年,苏南 5 市建立规模养殖场清单 1997 家。根据省"263"专项行动要求,2017 年省农业农村厅牵头起草了《江苏省畜禽养殖污染及农业面源污染治理专项行动实施方案》,并将目标任务分解到各市、县,并经省人民政府印发各地执行。2017 年,省农业农村厅会同省生态环境厅、自然资源厅印发《关于加快推进畜禽养殖区域布局调整优化和养殖污染治理工作的指导意见》,明确了治理规模标准、治理率认定要求和治理技术模式等内容,指导各地按照"一场一策"原则开展污染治理。推动各地开展检查认定,督促落实企业主体责任,配套完善粪污处理和资源化利用设施设,建立月报制调度治理工作进展,到 2017 年底苏南 5 市累计通过治理检查认定 1580 家(包括无法整治而关停搬迁场 619家),治理率 79.1%。

推进畜禽粪污资源化利用。江苏省出台《江苏省畜禽养殖废弃物资源化利用工作方案》《江苏省畜禽养殖废弃物资源化利用工作考核办法(试行)》,建立由省政府分管领导担任召集人的畜禽养殖废弃物资源化利用工作联席会议制度,省、市、县三级政府逐级签订2017—2018 年目标责任书。省农业农村厅联合省财政厅出台《江苏省畜禽养殖污染治理工作考核奖补办法》、印发《关于做好整省推进畜禽粪污资源化利用工作的通知》，统筹省级农业生态保护和资源利用、畜禽养殖污染治理资金支持太湖流域整市、整县推动畜禽粪污资源化利用工作。截至 2017 年底，南京、无锡、常州、苏州和镇江 5 市畜禽粪污综合利用率分别达到 84%、83%、88%、82%、74%。

（三）围绕化学氮肥减施、化学农药减施、氮磷生态拦截等工程的实施，控制种植业污染，构建农业清洁生产体系

根据《江苏省太湖流域水环境综合治理—种植业污染防治规划》（2016—2020 年），以"科学决策、综合管控，溯本求源、标本兼治，区域分级、突出重点，政府引导、合力治污"为基本原则，按照"污染治理连片化、农业生产清洁化、生态屏障基础化、废弃物利用循环化、农业投入品减量化、监测预警智能化"的主要治理思路，重点实施农业清洁生产工程、农业生态屏障建设工程、废弃物循环利用工程、农业投入品控制工程、全程质量控制体系建设工程等五大工程，配套种植业结构调整、空间区域管制、种植业污染综合治理工程建设和"三品"基地建设推广等辅助措施，从实施管理、体制机制、资金投入、土地要素、技术支撑等方面提供保障。

推进化肥减量提效，综合采取"精（推进精准施肥）、调（调整化肥使用结构）、改（改进施肥方式）、替（有机肥部分替代化肥）"4 项措施。深入开展测土配方施肥技术普及，建立和完善主要粮食作物施肥技术体系，提高农民的科学施肥意识和企业按方产销配方肥的意识。每两年发布一次县域主要农作物施肥主推配方，努力引导企业按方生产，指导农民按方施肥，让作物吃上"营养套餐"。与习惯施肥相比，粮食作物亩均节纯氮 2—3 公斤、蔬菜等经济作物亩均节纯氮 4—6 公斤，在

土壤高磷地区水稻等作物上实行减磷行动,亩磷(折纯)减施量达0.5公斤左右。2007年,江苏省启动了苏南地区绿肥种植以奖代补,每亩补贴60元,至2016年累计实施规模100多万亩次。

加强对绿色防控技术及产品推广应用工作,对太湖流域一级保护区内生态控害技术及产品应用进行适当补贴。对生物农药等绿色防控产品及技术,以及用于防治病虫害的防虫网、性诱剂、杀虫灯、生物农药等绿色防控产品及技术进行补贴,提高绿色防控技术使用面积占比,减少化学农药使用量。在粮食高产创建示范区、永久性蔬菜生产基地、"三品一标"农产品生产基地等,建设一批绿色防控示范区,发挥示范区辐射带动作用。帮助农业企业、合作社提升农产品质量、创响品牌,实现优质优价,让应用绿色防控技术的农民得到真正的实惠,带动大面积推广应用。

加快高效低毒低残留农药品种的推广步伐;科学采用种子处理等预防措施,减少中后期农药施用次数;强化病虫草抗药性监测,科学指导用药。加大对自走式喷雾机等高效植保机械等先进施药技术的推广力度,提高农药利用率;加大对大型植保机械补贴力度,提高植保专业合作社、家庭农场以及种田大户的购机积极性。以新型农业经营主体为重点,培养一批科学用药技术骨干,辐射带动农民正确选购农药、科学使用农药。开展多层次、多领域农民培训工作,逐步提高施药人员用药水平。

引导农药械企业、农资经销商等民营资本投资创建多元化服务组织,开展病虫防治环节的订单式服务;鼓励已建农机合作社等服务主体,开展病虫害专业化统防统治,提升植保服务的专业化、市场化水平。推进专业化统防统治与绿色防控融合,集成示范综合配套的技术服务模式,逐步实现农作物病虫害全程绿色防控的规模化实施、规范化作业;建立农企合作共建示范基地,充分利用企业的先进技术及产品,提高专业化统防统治技术水平。

（四）围绕湖泊围网养殖综合整治，推进生态渔业的发展

太湖围网养殖起始于 1984 年,经历了从鼓励扩展规模、控制压缩、全面整治、合理布局和全面取缔等几个不同发展时期。2007 年,太湖有围网养殖面积 204314 亩,养殖户 4067 户。至 2008 年底,太湖原有的围网养殖面积 204314 亩,经全面压缩整治至 4.5 万亩,全部规划安置在东太湖水域,实行"统一规划、统一养殖、统一管理、统一检测、统一培训"的管理模式,建设成为质量安全、资源节约、环境友好的新型湖泊渔业养殖产业;成为国家质检总局批准的全国首批出口农产品质量安全示范区之一,年产 3000 吨太湖大闸蟹,年产值 4—5 亿元。按照中央环保督察整改要求和省委省政府的工作部署,至 2019 年 6 月底,太湖 4.5 万亩围网养殖设施已全部拆除。

2007 年以来,省太湖渔管办大力发展生态渔业,加大渔业资源增殖养护和生态修复力度,充分发挥净水渔业的生态功能。省太湖渔管办通过进行渔业资源增殖放流、设置水产种质资源保护区等方式,不断提高太湖水生生物多样性,同时通过对渔业资源的捕捞过程,从太湖水体移出大量的碳、氮、磷,对减轻太湖水体富营养化程度起到了重要作用,达到了以渔护水、以渔养水、以渔治水的目的。据统计,2007—2017 年,省太湖渔管办每年平均投入增殖放流资金 1167 万元,放流鱼种 162 万斤;通过渔业捕捞(共计 55 万吨鱼)从湖体中移除碳 66000 吨,氮 13750 吨,磷

1650 吨。

（五）围绕生态修复与保护，推进农业生态系统建设

加强自然湿地保护。制定发布太湖流域湿地名录，严格保护太湖、长荡湖、京杭运河、望虞河、长江等重要湖泊、河流湿地及流域内上游丘陵岗地水库水源地。在太湖、滆湖、长荡湖等重要湖泊开展退圩退田退养还湖等措施，扩大流域湿地面积。对太湖湖滨、区域内关键湖泊、出入湖河流以及珍稀濒危动物栖息地等区域开展修复治理。

推进环太湖生态防护林带建设。按照"科学造林、合理配置、适时封育、乔灌草结合"的思路，着力建设环太湖生态防护林带，打造环太湖生态廊道，形成绿色高效环湖生态隔离带。推进太湖流域水系、道路、农田林网建设，有效发挥森林保持水土、涵养水源、固碳释氧、消解污染的功能，为生态农业建设提供有力支撑。

强化生物多样性保护。加强太湖流域野生动植物资源保护，对列入国家和地方重点保护野生动植物名录中的物种开展普查与专项调查，建立信息数据库。严格执行湖泊休渔制度，加大水生生物资源增殖放流力度。严格执行建设项目环境影响评价制度，落实涉渔工程建设项目专题评价与生态补偿。

坚持生产和生态协调发展，以太湖一级、二级保护区和生态引领区为核心，大力发展以绿色生态为导向的现代农业，发展优质稻米、高效园艺、创意休闲农业。

第三节　典型案例

一、太湖流域畜禽养殖污染治理典型案例

（一）常州市武进区礼嘉畜禽粪污处理中心

由区政府出资建设,将分散畜禽养殖场粪便收集统一进行无害化处理,以"购买服务"的方式,招聘企业进行运营管理,构成畜禽粪污治理"收—储—运—处理—利用"技术服务体系。全量处理礼嘉、洛阳片区周围15公里范围内养殖场畜禽粪污。每个符合条件的养殖场(户)均建设相应规格的储粪池,每个储粪池都有道路通达,方便吸粪车通行和操作。每天4台吸污车前往周边养殖场收集粪污,经过固液分离、搅拌、酸化调节等处理工艺,厌氧发酵后,可加工成沼气、沼液、沼渣。年处理量约3万吨,每年可减少化学需氧量排放446吨,碳减排总量10034吨,减少化肥使用260吨,有效减轻畜禽粪便对环境所造成的污染,大大改善了农村生活环境,有利于农业生态的良性循环和可持续发展。

（二）吴江东之田木农业生态园

吴江东之田木农业生态园拥有标准化果园8.5公顷,省级畜牧生态健康养殖示范猪场1.5公顷,标准化猪舍3600平方米,水塘5.3公顷,集流沟渠1560米,配套建设沼气、干粪发酵池、液态污水厌氧池、智能化喷滴灌设施等,通过循环利用,将低成本,高产

量,零排放,高节能融入绿色畜牧业中,走出一条绿色循环可持续发展之路。

农牧品种匹配。翠冠梨和巴马香猪,养殖年出栏 5000 头(134.4 吨/猪/年),每年可产生近 400 吨猪粪(育肥期采用发酵床养殖,猪粪总量减少一半),每年消纳量与排出量相匹配。

生态循环系统。主要设置三个循环产业链,即"猪—梨""猪—沼—梨""猪—沼—草—鸡(兔)",液态废弃物通过地下厌氧池无害化处理成为果树和粮田的追肥。按照"植物生产、动物转换、微生物还原"的原则,将农、林、牧、渔有机结合,干性废弃物通过发酵处理成为果园和粮田的基肥,滋养梨园和牧草;牧草成为香猪青饲料来源;鸡,兔则在林下空间调控虫害和草害。另外,围绕整个园区设置建立的生态沟、渠、塘形成了封闭环境的湿地系统,该系统在雨天承接地表径流,用于作物喷滴灌,防止污染物外排。

(三) 太仓市东林生态养殖专业合作社

太仓市东林生态养殖专业合作社占地 2.7 万平方米,其中羊舍 1.4 万平方米,主要养殖内蒙古优质长毛山羊、本地湖羊等。羊舍全部装有水帘风机等现代化的温湿度调控系统,采取网络化生产过程监控,采用精细化生态饲养技术,利用秸秆发酵替代粮食饲料,饲料主要以水稻、三麦、花生、玉米、大豆等作物秸秆为主,可实现年产种羊 8000 头,肉羊 3 万头。

合作社采用"羊—肥—稻、果"循环模式。首先将大面积稻麦秸秆回收,通过引进先进机械设备,采用压缩、打包、添加发酵菌等技术,生产含有益菌的适用牛羊饲喂的秸秆饲料,秸秆循环利用率达到100%。然后把秸秆饲料喂养,秸秆过腹后产生的羊粪便、沼渣等进行发酵处理制成有机肥料,并进行季节性还田,极大提高土壤有机质含量,减少农田化肥农药的使用量。再利用农用水净化处理工程,将发酵后的沼液通过水电站、管道进行农田、果园、蔬菜、林地灌溉,形成"稻养畜、畜肥田"的生态循环模式,提升农产品品质,真正实现良性循环、生态种养、综合利用、可持续发展、接近零排放的生态型循环农场。

二、 太湖渔业以渔控藻净水典型案例

自 2007 年无锡水危机后,省太湖渔管办通过加大放流花白鲢等食藻性鱼类达到以鱼控藻、以渔净水的作用,同时努力争取太湖水环境治理专项省级统筹资金,积极行使渔业管理部门保护湖泊生态环境的职能。

2014 年开始实施太湖流域水环境综合治理专项省级统筹项目——"太湖鱼类抑藻净水项目"。该项目采用太湖放流鱼苗分级控藻培养技术,在藻密度较高的太湖梅梁湾、竺山湾和贡湖等湖区,利用拦网或网箱保护设施,通过大规模增殖放流中上层滤食性鱼类(鲢、鳙等),辅以杂食性的鲤鱼、鲫鱼,肉食性的翘嘴鲌和滤食性底栖贝类等水生生物,项目放流的鱼苗通过摄食(6—12 月)藻类等生物生长至成一龄鱼种,再于次年将鱼种放流入大太湖继续控藻净水,至当年 9 月太湖开捕后由渔民捕捞输出。项目通过水生生物滤食能有效降低湖体中的藻类密度,减少水体中的总氮、总磷含量,切断藻类生长所需的氮、磷供给路径,抑制蓝藻暴发,有效控制太湖水域蓝藻频繁暴发的趋势,以改善水域水质环境和生物环境,实现湖泊生态

系统的恢复和水质的改善,满足太湖沿湖及下游社会经济可持续发展对饮用水源安全的需求。

2014—2016 年,项目共投入 5700 万资金,在实验区内大规模放流鲢鳙鱼夏花苗近 5 亿尾,培育鲢鳙鱼苗 1.5 万吨直接放流太湖水域。三年直接固碳量 1772.49 吨、固磷量 99.39 吨、固氮量 430.45 吨,消耗藻类 119.44 万吨。原江苏省环保厅对 3.2 万亩以渔控藻区域的水环境监测结果显示,控藻区内叶绿素 a 和藻密度均明显低于外部,充分说明以渔控藻工程项目净水效果明显。

第四章

江苏省太湖流域水环境治理水利篇

　　作为治太的主力军,江苏省水利厅以及江苏省太湖地区各级水利部门认真贯彻落实国家和省委、省政府各项治水决策部署,按照"两个确保"工作要求认真做好太湖综合治理各项工作,扎实推进蓝藻打捞、生态清淤,调水引流、骨干工程建设等举措,加大流域水生态修复力度,积极为太湖水生态改善创造条件,取得了积极成效。

第一节　太湖流域水利发展概况

　　太湖流域治理经历了规划从无到有,从侧重工程建设到更加注重综合管理,从传统水利向现代水利、可持续发展水利的转变,流域治理规划体系不断完善,先后开展了总体规划方案、防洪规划、水资源综合规划、水环境综合治理总体方案等重要规划编制工作。

一、 以防洪除涝为重点的治理阶段

新中国成立以来,太湖流域各地开展了大规模的水利建设,修建水库,开挖和疏浚河道,兴修和加固河湖堤防和海塘,在平原洼地修建圩堤和闸、泵,一定程度上提高了防洪、除涝、挡潮、供水、抗—旱、水环境整治能力。

由于长期缺乏统一规划,骨干排洪出路未能打通,流域河湖水系有网无纲,防洪标准偏低,洪涝灾害威胁严重。1954 年长江特大洪水后,各地分别开展了规划工作,由于有关各方难以达成统一意见及"文革"影响,太湖治理一直未形成统一规划。1980 年,原长江流域规划办公室在有关单位已有成果和大量调查研究的基础上,提出了《太湖流域综合治理规划要点报告》,后经进一步深入研究、修改、完善,于 1985 年提出了《太湖流域综合治理骨干工程可行性研究报告》。经国务院长江口及太湖综合治理领导小组多次协调,1985 年有关省(直辖市)基本达成一致意见,原则同意《太湖流域综合治理骨干工程可行性研究报告》中的"综合格局"方案。1987 年,太湖局根据"综合格局"方案,编报了《总体规划方案》,原国家计委在征求了江苏省、浙江省、上海市(以下简称"两省一市")和交通部的意见后,批复了《总体规划方案》。

《总体规划方案》针对当时流域洪涝灾害严重的主要矛盾,将防洪除涝作为规划的主要任务,统筹考虑了供水和水资源保护,兼顾航运,在工程布局中采用"疏控结合,以疏为主"的策略。《总体规划方案》的治理标准为:防洪以 1954 年实际降雨过程为设计典型,其全流域平均最大 90 日降雨量约相当于 50 年一遇;灌溉供水以 1971 年实际降雨过程为设计典型,其7—8月流域用水高峰期降雨量保证率约相当于94%。

20世纪90年代,太湖流域出现了在时空分布上更集中、强度及总量更大的1991、1999年降雨典型,加上下垫面情况发生巨大变化,地面沉降加剧、城镇水面率降低等,进一步加大了流域防洪减灾难度。与此同时,流域经济社会的快速发展要求进一步提高流域防洪减灾能力,尤其是城市防洪减灾能力。

针对上述新情况、新形势,根据水利部统一部署,太湖局组织流域两省一市水行政主管部门编制完成了《太湖流域防洪规划》(以下简称《防洪规划》),上海、杭州、苏州、无锡、常州、嘉兴、湖州7座城市防洪规划,湖西、武澄锡虞、阳澄淀泖、杭嘉湖、湖西区5个分区防洪规划。规划期间,还编制完成了《关于加强太湖流域2001—2010年防洪建设的若干意见》,并经国务院办公厅批转。2008年2月,国务院批复了《防洪规划》。

《防洪规划》以治太十一项骨干工程为基础,以太湖洪水安全蓄泄为重点,利用太湖调蓄,妥善安排洪水出路,完善洪水北排长江、东出黄浦江、南排杭州湾的流域防洪工程布局,形成流域、城市和区域3个层次相协调的防洪格局,健全工程与非工程措施相结合的防洪减灾体系,并确定流域近期(2015年)防御不同降雨典型五十年一遇洪水、远期(2025年)防御不同降雨典型一百年一遇洪水的治理目标。

二、 以保障流域整体供水安全为重点的治理阶段

随着经济社会发展,太湖流域本地水资源不足、水污染严重等水

资源问题日益突出。为适应新形势下经济社会发展和生态环境保护对水资源的要求,实现从传统水利向现代水利、可持续发展水利的转变,太湖流域更加注重水资源的全面节约、有效保护、优化配置和科学管理。

根据水利部统一部署,从 2002 年开始,太湖局组织两省一市开展了《太湖流域水资源综合规划》(以下简称《水资源规划》)编制工作。2010 年 11 月,《水资源规划》已经作为《全国水资源综合规划》附件经国务院批复。

《水资源规划》以提高流域水资源调控能力、保障流域整体供水安全为重点,完善流域"北引长江、太湖调蓄、统筹调配"的水资源调控工程体系,合理配置流域和重要河湖水资源,提出"三片供水"格局和水资源保护要求,基本实现近期(2020 年)遭遇枯水年(P = 90%)和远期(2030 年)遭遇特枯水年(P = 95%)供需平衡的目标。

三、 以水环境综合治理为重点的治理阶段

2007 年无锡市供水危机发生后,流域水环境综合治理工作得到空前重视,治理力度前所未有。2008 年 5 月,国务院批复了《太湖流域水环境综合治理总体方案》(以下简称《总体方案》)。

《总体方案》提出了"还太湖一盆清水"的总体目标,确定了流域内 3.18 万平方公里综合治理区及其中 1.96 万平方公里重点治理区。在重点治理区共安排了饮用水安全、工业点源污染治理、城镇污水处理及垃圾处理、面源污染治理、提高水环境容量(纳污能力)引

排工程、生态修复、河网综合整治、节水减排建设、监管体系建设和科技支撑研究等十大类治理项目。水利部门主要负责组织开展提高水环境容量的引排通道工程建设、引江济太、湖泛巡查防控、蓝藻打捞、底泥疏浚、河网整治等工作。

第二节　太湖流域水利工程治水路径实录

围绕太湖治理总体目标,省水利厅以及江苏省太湖地区各级水利部门深入践行习近平生态文明思想和关于治水兴水的重要讲话精神,认真贯彻落实省委、省政府各项涉水决策部署,以《江苏省生态河湖行动计划》(2017—2020)为要求,以河长制湖长制为抓手,切实强化河湖水域空间管理,严格落实防汛防旱责任,加快重点水利工程建设,加大流域水生态修复力度,按照"两个确保"工作要求认真做好太湖综合治理各项工作,取得了积极成效。

一、 实施调水引流,增加流域水资源供给

加快太湖水体流动,提升水环境容量。太湖由于固有的湖体结构弱点,口袋形湖湾众多、水体流动交换十分缓慢,污染物极易集聚和积累。为了改善太湖湖体流动状况,增加水环境容量,维持太湖合理生态水位,2007年以来,水利部门根据省委、省政府的部署,进一步强化引江济太,通过常熟枢纽和望虞河调引长江

水,努力增加入湖水量。

　　调水引流取得了显著的资源环境效益。一是通过科学调控太湖生态水位,有效抑制蓝藻的暴发时间。2009 年 3—4 月,太湖水位比2007 年偏高 0.15—0.40 米,太湖蓝藻大面积发生的时间推迟了近 1个月;2010 年太湖入夏水位比往年高出 0.5 米,蓝藻大面积发生的时间推迟了 2 个多月。实践证明通过适当调高太湖水位,对蓝藻种源的发育生长有明显的抑制作用。

望虞河入湖口——望亭立交控制工程

　　二是优化了入湖水体结构,促进湖区水源地水质持续改善。通过持续实施大流量引江济太,不仅优化了入湖水源结构,而且形成了从望虞河至贡湖,再分别进入梅梁湖和东太湖的两个流场,持续改善这部分湖区的水体质量,保证了苏州、无锡两市在太湖水源地安全,并保障了东太湖往下游供水的水质。据监测资料分析,这些水源地水质溶解氧、高锰酸盐指数、氨氮等指标基本稳定在Ⅰ—Ⅱ类标准,总磷指标东太湖水源地稳定在Ⅲ类标准,梅梁湖水源地稳定在Ⅳ类标准,总氮指标东太湖水源地稳定在Ⅳ类,梅梁湖水源地稳定在Ⅴ类。比 2007 年普遍提高了一个以上等级。

三是梅梁湖泵站的持续抽水出流,直接减少了湖体中的内源污染。梅梁湖泵站以平均 20 个流量,常年抽排梅梁湖水体,不仅加快了梅梁湖的水体交换,而且把湖体内的污染物和蓝藻物质大量排出。

梅梁湖泵站

四是通过望虞河两侧口门引水,显著改善太湖周边河网水质。望虞河引水进入太湖周边河网后,加大了水流动力,促进了有序引排,增加了环境容量,加之控源截污和河道疏浚整治措施,有效改善入湖河流的水质。

保证流域用水安全。太湖流域多年水资源量 160 亿立方米,而全流域用水量近 350 亿立方米。通过调度九曲河、澡港河、白屈港、七浦塘等沿江水利枢纽,抽引江水,保证了工农业生产、生态及水环境用水,保障了苏南运河正常航运。

七浦塘江边枢纽

改善流域河网水质。切实加强环湖口门调度监管,当出现雨涝严重时,统筹考虑洪涝水位、水质、水源地安全,调度沿线涵闸,尽量减少对太湖水源地的影响。2018年10月,利用建成通水的新沟河工程开展调水试验,运行15天,累计调水5300多万立方米,对改善新沟河沿线水质效果明显。

二、加快骨干工程建设,提升引排保障能力

2008年以来,江苏省太湖流域治理坚持防洪排涝、水资源配置、水环

境综合治理,流域、区域和城市防洪统筹推进,建成一批骨干水利工程,累计完成投资近300亿元,其中国家资金支持60亿元、地方筹措240亿元。

流域性骨干工程有序推进。先后完成常熟枢纽加固改造、走马塘拓浚延伸、东太湖综合整治等工程,全面实施新沟河、新孟河延伸拓浚工程,流域防洪基本达到防御1954年型五十年一遇标准。

区域防洪除涝能力得到提升。先后实施了江河支流七浦塘工程、中小河流治理、大中型水闸泵站更新改造、水库除险加固等,区域防洪除涝能力得到进一步提升。

城市防洪体系得到加强。实施了苏州、无锡等中心城区城市防洪工程,两市中心城区防洪基本达到二百年一遇标准,有效保证了城区防洪安全。

太湖水环境综合治理流域性骨干引排工程进展顺利。走马塘拓浚延伸工程全长66.51公里,概算投资近27亿元,2009年开工建设,2015年建成。新沟河延伸拓浚工程全长97.47公里,概算总投资56.47亿元,2013年开工建设,目前已基本建成。新孟河延伸拓浚工程全长116.47公里,概算总投资134.62亿元,2015年开工建设,目前已完成投资近80%。

太湖流域骨干水利工程建成后,一方面可以提升太湖调水引流的能力,年增加入湖水量近30亿立方米;另一方面,极大提高流域供水和防洪能力,还具有航运、生态修复等效益。

三、 全力打捞处置蓝藻,保障供水安全

将蓝藻从水体中清除出来,既能减轻蓝藻污染,又能将携带在蓝

藻体内的营养物质一并清除,减少了水体中营养盐的负荷,是湖泊富营养化治理中最环保、最直接,也是最没有争议的有效措施。

2008 年以来,江苏省水利厅指导沿湖地区建立打捞组织体系、建设蓝藻打捞网络和藻水分离设施、推进蓝藻无害化处置资源化利用和打捞处置市场化。太湖蓝藻打捞处置实现了"专业化组织、机械化打捞、工厂化处理、资源化利用、无害化处置"的格局,环湖各地共有打捞队伍 76 只,打捞人员 1800 余人,固定打捞点 87 个,蓝藻打捞船 400 余艘,最大日打捞量已达 6 万余吨,藻水分离站(车)29 个,藻水分离能力 5.3 万吨/天,形成了固定打捞与机动打捞相结合、固定式藻水分离与移动分离车(船)相结合、无害化处置与资源化利用相结合的蓝藻打捞处置模式,并推广复制到巢湖、滇池等国内其他湖泊的蓝藻治理工作中。11 年来,全湖累计打捞蓝藻 1500 万吨,不仅有效防止了蓝藻堆积腐烂发臭、减少了蓝藻存量,而且直接清除了聚集在蓝藻体内的内源污染,相当于减少湖体内的氮 7500 吨、磷 1500 吨。

蓝藻打捞船

固定式蓝藻打捞平台

杨湾固定式藻水分离站

藻水分离现场

2019 年,太湖蓝藻打捞和无害化处置能力再次取得新突破。无锡市年处理 10 万吨藻泥的干化焚烧项目 2019 年 6 月已投入试运行,宜兴市年处理 3 万吨藻泥的蒸汽干化焚烧项目于 8 月建成投运,彻底解决藻泥出路难题。宜兴市 6 月建成蓝藻打捞能力提升工程,解决了打捞藻水二次污染难题,实现了打捞藻水全处理。无锡市还不断探索蓝藻防控新技术,研发了加压控藻船、控藻深井新技术,通过加压技术抑制蓝藻生长繁殖,提高了蓝藻防控效率并降低处置成本。

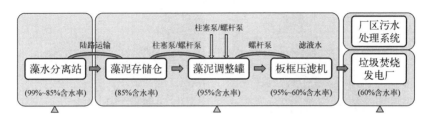

无锡市藻泥无害化处置项目工艺流程图

四、 强化生态清淤，减少湖体内源污染

生态清淤作为湖泊水环境治理的有效措施,是太湖水环境综合治理的重要内容,实施生态清淤,不仅对改善太湖水环境、抑制富营养化发展具有十分重要的作用,更是遏制湖泛灾害的治本之策。2007 年国务院批复的《总体方案》中,明确提出要对太湖底泥污染严重、水草分布较少、水生生物多样性不足、蓝藻水华多发的区域实施清淤工程,工程量约 3000 万立方米,并将工程安排在 2015 年后付诸实施。根据治理太湖的实际需要和防控湖泛的迫切需求,江苏省政

府转发了省水利厅《关于加快实施太湖生态清淤工程意见的通知》，决定将湖体清淤任务提前至 2008 年实施,对底泥污染问题突出的竺山湖、梅梁湖、贡湖和东太湖等湖湾开展底泥清淤工作,清淤规模约 3500 万立方米。至 2017 年底,江苏省已累计完成太湖生态清淤 131.3 平方公里,清除污染底泥 3910 万立方米,超额完成《太湖流域水环境综合治理总体方案》及省政府下达的太湖湖体清淤一期工程的任务要求。

生态清淤船

出泥口

经中科院地理与湖泊研究所跟踪监测与分析,太湖清淤生态环境效益显著。一是清除了大量湖体内源污染物质。据测算,直接减少内源污染物有机质 11.9 万吨,总氮 2.9 万吨、总磷 2.4 万吨,相当于近 15 年滞留在湖区的入湖污染物总量。二是割断了湖泛发生的生物链。生态清淤清除了湖底大量的游离状污染底泥,有效削弱了湖泛产生的物质条件。监测表明实施清淤的区域湖泛发生频率明显下降。三是改善底栖生物生态环境。跟踪监测资料表明,清淤 3 年后大型底栖动物在群落的结构和组成上更加稳定,密度和生物量上也有大幅度的恢复,且显著地改善了大型底栖生物在底泥中的生存环境,一度水草绝迹的梅梁湖水域,水草大面积恢复。

模拟试验表明生态清淤抑制氮磷释放

为推进太湖生态清淤工程,进一步减轻太湖内源污染,改善太湖水环境,江苏省拟启动新一轮太湖清淤工程,省水利厅组织编制完成了《太湖西沿岸区生态清淤后续工程实施方案(修编)》《太湖梅梁湖生态清淤及淤泥处置实施方案》《太湖东太湖生态清淤工程实施方案》等3项太湖清淤方案。拟对蓝藻暴发频繁、水质较差的梅梁湖、竺山湖、湖西部以及东太湖围网拆除区实施生态清淤,清淤规模约3000万方,并计划将利用清淤淤泥建设湖滨带、生态岛作为解决淤泥出路的主要方式。

五、 有序开展太湖湖滨带修复

苏州市结合东太湖水环境综合整治,建成太湖湖滨国家湿地公园,这里是典型的湖滨湖泊湿地,在涵养水源、净化水质、调蓄洪水等方面发挥了重要的生态功能。

吴江东太湖综合整治

无锡市完成五里湖水环境综合整治,在控源截污、清淤疏浚基础上,开展了水生植物修复工程,为持续改善五里湖生态平衡,改善水质发挥了重要作用,成为湖泊治理的典范。

宜兴市太湖湖西岸保滩固堤结合湖滨带生态修复工程,总面积72万平方米,分三期建设。一、二期工程已累计修复湖滨带生态湿地36万平方米,目前项目区水生态植物长势良好,对湖滨带生态环境功能改善发挥了积极的作用。三期工程于2017年10月开工,规划修复湖滨带生态湿地面积36万平方米。

六、 强化监测预警，严密防控湖泛

　　2007 年 5 月无锡水危机时,南泉水厂取水口附近出现约 10 平方公里湖泛区(黑水团),经调查分析,湖泛的成因主要是聚集死亡的蓝藻与污染底泥发生厌氧反应,释放出大量硫化氢并造成水体严重缺氧和厌氧,导致水质恶化。2008 年 5 月,太湖西部沿岸宜兴近岸水域又出现较大面积黑水团。

湖泛区水质发黑

　　为寻求湖泛防控途径,确保供水安全,江苏省政府决定,建立太湖湖泛巡查防控体系。由省水利厅牵头,建立省级和地方两个层面的湖泛逐日巡查机构,对太湖湖泛易发区开展湖泛逐日巡查和防控,并由省政府发布了《江苏省太湖湖泛应急预案》。

江苏省水文局在太湖湖泛易发区开展湖泛巡查

　　根据省政府的要求,省水利厅建立了太湖湖泛巡查监测预警工作机制,从每年的4月1日至10月31日,组织省水文局及地方水利部门对太湖湖泛易发区以及所有饮用水源地进行逐日巡查监测,及时报送巡查监测及预警信息。在湖泛易发的关键季节,实行厅领导现场带班,靠前指挥,确保湖泛防控预警措施落到实处。同时,为了加强对湖泛的应急治理,还与科研单位就湖泛生成机理及敏感指标进行实验和研究,提高对湖泛的预警防控和应急处理能力。由于调水引流、控源治污、打捞蓝藻和生态清淤等综合治理措施的运用,自2009年以来,太湖没有发生较大面积湖泛现象。

江苏省水利厅组织专家开展湖泛形成机理研讨

七、 开展水生态文明城市试点建设

　　在水生态文明建设方面,太湖流域苏州、无锡二市被列为国家级水生态文明建设试点。江苏省水利厅将水生态文明建设与全省生态文明建设同部署、同考核。国家级水生态文明试点全部高分通过评估验收。《新闻联播》专题聚焦江苏水生态文明建设"让美丽与发展同行",试点建设经验作为样板在全国推广。通过水生态文明试点建设,较好解决了一批城市水问题,初步构建了系统完整、空间均衡的城市水生态格局,人居环境明显改善,全社会水生态文明理念深入人心,公众对水生态的满意度和幸福感大幅提升。

《新闻联播》报道江苏水生态文明城市建设情况

在水系联通工程方面,按照水利部水系连通工作的部署要求,积极推进水系连通工程建设。积极争取中央河湖连通补助专项资金,按照引得进、流得动、排得出的要求,完善多源互补、蓄泄兼筹的江河湖库连通体系,逐步恢复坑塘、河湖、湿地自然连通,消除断头河、死湖,水生态环境持续改善,水功能区水质达标率稳步提升,取得显著成效。

八、 加强集中式饮用水源地达标建设

加强规划引领,优化水源地布局。编制《江苏省饮用水水源地安

全保障规划》,制定全省饮用水水源地调整与优化配置方案,报请省政府批复实施。2011年省政府出台《关于在全省开展集中式饮用水源地达标建设的通知》,在全省开展集中式饮用水源地达标建设工作。2017年省政府又专门印发《全省城市集中式饮用水水源地风险隐患专项整治达标建设工作方案》,明确提出2018年底全面完成水源地达标建设,建立饮用水源地长效管护机制。省水利厅积极联合相关厅局加快推进水源地达标建设,加强水源地长效管理。目前江苏太湖流域地级以上城市都已实现"多源"供水或建设城市应急备用水源地,绝大部分县级以上城市都已具备一定抵御突发性水污染事件的能力。

苏州金墅港水源地

九、 推进水功能区达标整治

2003 年 3 月,江苏省政府在全国率先批准实施《江苏省地表水(环境)功能区划》,省级水功能区覆盖水域面积占全省水域面积的78.0%。2016 年,省水利厅提请省政府印发了《加强全省水功能区管理工作的意见》,对江苏省水功能区划分、管理、纳污控制和日常维护等提出了明确要求。2017 年初,省水利厅会同省发改委、原江苏省环境保护厅联合开展省级水功能区达标整治工作,通过工程和非工程措施,提升水功能水质。此项工作也被水利部列为全国八大创新工作之一,在全国推广。目前,各市、县水功能区达标整治方案均获得地方政府批复并启动实施。不断扩大水功能监测范围、频次,实现了省级水功能区全覆盖监测,重点水功能区实现了逐月监测,水质监测结果逐月通报各市人民政府。通过近几年的不懈努力,全省水功能区水质持续改善,水生态环境状况有所好转,达标水功能区数量明显增加,2018 年太湖流域考核水功能区达标率达到87%,全面消除劣 V 类,提前达到2020 年80%的考核目标。

十、 强化河湖管理,全力推进生态河湖建设

全面落实河湖长制。将河长制写入"江苏省河道管理条例",在全国率先完成河长制立法,在中央四级河长体系基础上,将河长延伸至村,太湖流域落实市、县、乡、村河长14255 人,实现了河湖及小微

水体全覆盖。2019年5月,省委书记、省总河长娄勤俭发布2019年第一号省总河长令,宣布在全省组织开展碧水保卫战、河湖保护战,河湖长制工作由见行动迈向见实效。各地还积极探索省际、市际河湖协调共治机制,苏州吴江与嘉兴秀洲区签订清溪河联合治理合作协议,无锡、苏州在边界地区水域保洁联防联控方面达成共识。

强化生态河湖建设。2017年10月,省政府印发实施《生态河湖行动计划》,作为水生态保护与修复的总纲领、总抓手,此项工作被水利部列入全国四大创新之一。省水利厅还开展了生态河湖样板评选,制定样板河湖评价标准,促进生态河湖建设向更高水平迈进。

全力推进河湖红线管理。省政府印发了《关于开展河湖和水利工程管理范围划定工作的通知》,配套制定了《江苏省河湖管理范围和水利工程管理与保护范围划定技术规定(试行)》,出台了河湖范围划定验收管理办法,全面完成太湖网格化布局。

2007年无锡水危机发生以来,江苏省委、省政府举全省之力,把太湖治理作为全省生态文明建设的标志性工程,累计投入超过1500亿元,在国家部委和太湖流域上下游的共同努力下,太湖综合治理取得了阶段性成效。湖体水质已由2007年的Ⅴ类改善为Ⅳ类,富营养化程度从中度改善为轻度,除总磷还未完全达标外,其余指标均已提前完成国家总体方案确定的2020年目标,连续11年实现了国务院提出的"确保饮用水安全、确保不发生大面积湖泛"的治太目标。

第三节　典型案例

一、太湖西沿岸湖滨带修复

太湖湖西大堤宜兴段保滩固堤结合湖滨带生态修复工程,位于太湖西岸宜兴市丁蜀镇内,工程建设范围为太湖宜兴定跨港至黄渎港间水域,总面积72万平方米。工程分三期建设,其中,一期工程于2014年10月开工,2015年4月完工,修复湖滨带生态湿地70000平方米;二期工程于2015年10月开工,2017年4月完工,修复湖滨带生态湿地290000平方米。三期工程于2017年10月开工,规划修复湖滨带生态湿地面积360000平方米。截至2018年3月,太湖湖西大堤宜兴段

宜兴太湖西沿岸湖滨生态湿地带
修复工程实施后现状图

保滩固堤结合湖滨带生态修复工程累计修复太湖湖滨带生态湿地面积560000平方米,完成投资约8500万元。工程主要建设内容包括以下几方面。

消浪工程(生态管袋潜堤工程):在太湖大堤外侧200—250米处

水域（滩地），建设生态管袋潜堤消浪工程。

基底修复工程：对太湖大堤堤脚至生态管袋潜堤间水域（滩地），采用太湖底泥吹填方法，构建一定坡度自然浅滩，营造适宜水生植物生长的基底环境。

固堤保滩工程：在太湖大堤堤脚，采用太湖底泥吹填方法，对太湖大堤堤脚进行土方加固，提高大堤堤脚的抗冲刷能力。

生态恢复工程：在太湖大堤至生态管袋潜堤间的滩地，种植湿生植物、挺水植物，恢复生物多样性。

工程效益：有效解决可太湖生态清淤淤泥出路，恢复了宜兴黄渎港至定化港段湖滨生态湿地，削减了蓝藻聚集影响，提升了湖滨湿地水生植物多样性，增强了湖体生态自净能力，改善了湖滨生态环境；减轻太湖风浪对环湖防洪大堤的侵蚀，提高大堤的稳定性；为太湖其他湖区湖滨生态湿地修复提供了示范作用。

二、 东太湖综合整治工程

东太湖综合整治工程是太湖流域防洪规划的重要组成部分，是国家太湖流域水环境综合整治的重点工程之一，也是苏州市委、市政府贯彻落实环保优先、科学治太的重要举措。实施东太湖综合整治工程，对推动苏州生态文明建设和经济社会可持续发展具有重要意义。

（一） 基本情况

东太湖地处太湖东南部东山半岛的东侧，南起陆家港，北到瓜泾口，是太湖下游一个狭长形的重要湖湾，是太湖的主要出水通道，承担着防洪供水、生态保护、水产养殖、航运交通等综合功能,也是周边区域经济社会发展的重要资源。整治前,东太湖环湖大堤包围的湖区面积为185.4平方公里,其中围垦区50.55平方公里。行政区划上分属苏州市吴江区和吴中区。由于历史原因,东太湖曾经存在大量围垦、过度围养、泥沙淤积、沼泽化加剧、水生态环境恶化等诸多问题。

东太湖曾存在大量围垦、过度围养等问题

根据国务院办公厅批转的《关于加强太湖流域2001—2010年防洪建设的若干意见》、《太湖流域防洪规划》和《东太湖生态综合整治专项规划项目任务书》,2005年起,太湖流域管理局牵头组织开展东太湖综合整治规划编制工作,成立了东太湖综合整治规划编制工作领导小组。经过两年多时间的各方规划研究及充分协商,2008年3月,水利部、江苏省人民政府批复了《东太湖综合整治规划》,东太湖综合整治工作迈上了一个新台阶。同年5月,国务院批复了由国家发展改革委牵头编制的《太湖流域水环境综合治理总体方案》,这为东太湖综合整治工程的顺利开展提供了更加有利的契机。

在国家发展改革委、水利部等上级部门领导的关心和支持下,在江苏省和苏州市各级政府的共同努力下,东太湖综合整治工程可行性研究报告、初步设计报告于2010年顺利通过了发改部门的审批。

根据《省发展改革委关于东太湖综合整治工程初步设计的批复》（苏发改农经发〔2010〕870 号），东太湖综合整治工程的主要建设内容包括建设行洪供水通道工程、退垦还湖（含堤线调整）工程、生态清淤工程、水生态修复工程等。其中疏浚行洪供水通道 33.3 公里；退垦还湖 5.59 万亩，调整堤线 8 处，总长 30.8 公里，新建或改扩建口门控制建筑物 18 座；生态清淤 22.99 平方公里；生态修复岸线 69.9 公里。工程总投资 45.3 亿元，中央补助资金 6.75 亿元。总工期为 42 个月。

为便于项目的推进、管理和实施，本工程采取了政府主导、部门协作、行业指导、属地实施的模式。2008 年 7 月，苏州市政府成立了以政府主要负责人担任组长的市东太湖综合整治工程建设领导小组，下设东太湖综合整治工程项目管理办公室（办公室设在市水利局），对东太湖综合整治工程进行统一设计、统一报批、统一协调和管理。经过精心组织，稳步规范地推进了东太湖综合整治工程各项目建设，工程于 2013 年底基本完成。

（二）东太湖综合整治工程的积极意义

发挥了防洪供水生态环境等显著的综合效益。东太湖具有防洪、供水、水生态环境保护及水产养殖等功能，在太湖流域中具有非常重要的地位。东太湖综合整治工程自 2010 年开工以来，在生态修复、退垦还湖、堤线调整等方面取得了重大突破。整治工程实施后，吴江区和吴中区共退渔面积达 16.97 万亩，退垦面积超过 6 万亩，将 20 多万亩湖面还给太湖，大大提高了流域防洪能力和水资源配置能力，有效增加了东太湖蓄洪容积、减少了东太湖内源污染，改善了水生态环境，延缓了东太湖沼泽化进程，经济、环境和社会等综合效益十分明显。

为太湖新城建设创造了重要的基础条件。东太湖的围垦问题,既是一个关系"两省一市"的流域敏感问题,也是一个历史遗留的法律问题。在水利上,围垦区属太湖水面,禁止任何开发活动;在国土管理上,围垦区已经被划为基本农田,难以实施退垦还湖。为此,苏州市、区两级政府积极向上争取,水利部和省政府共同担当责任,联合批复了《东太湖综合整治规划》,这也是水利部与地方政府联合批复的第一个规划。批复明确了围垦区退三留一的比例,从而顺利解决了太湖新城建设绕不开的法律问题。东太湖综合整治工程的实施,拯救了濒临消亡的东太湖,再现了太湖的碧波美景,为太湖新城建设提供了良好的生态环境和景观空间。

打造了全国湖泊治理的典范。东太湖项目的实施,创造了许多成功的经验。一是在经济社会发展的大局中谋划水利的理念,二是在规划实施全过程贯彻生态文明的主线,三是流域水利工程建设资金筹措的全新模式,四是实施流域工程首先要让当地百姓受益的做法,五是解决历史遗留问题的勇气和创新思维。

东太湖综合整治工程,实现了流域与地方共赢,防洪与生态互利的美好愿景。水利部部长陈雷曾充分肯定了项目的成效:治理前后是"天壤之别",东太湖是全国湖泊治理的典范。

第五章

江苏太湖流域水环境治理生态篇

生态是统一的自然系统,是各种自然要素相互依存实现循环的自然链条。生态兴则文明兴,建设生态文明,关系国家未来,关系人民福祉,关系中华民族永续发展。太湖流域是由城市、乡村、山川、湖泊、田野构成的生态系统,这个山水林田湖草生命共同体是承载流域生息发展的物质基础。生态修复与保护是太湖流域水环境综合治理的重要内容,恢复太湖流域良好生态环境,是江苏省各级政府为人民群众提供最公平的公共产品,是最普惠的民生福祉,也是流域可持续发展的生命根基。

第一节　太湖流域河湖生态系统演变概况

太湖流域河网密布,湖泊众多,水域面积6134平方公里,水面率达17%,河道和湖泊各占一半,面积在0.5平方公里以上的湖泊189个,河湖湿地是太湖流域生态系统的主要特征,河道纵横交错,湖泊星罗棋布,为典型"江南水网";太湖流域湖泊总调蓄容量57.68亿立方米,是长江中下游7个湖泊集中区之一,面积大于10平方公里的湖泊9座,分别是太湖、漏湖、阳澄湖、洮湖、淀山湖、澄湖、昆承湖、元荡、独墅湖,合计面积 2838.3 平方公里,占流域湖泊总面积的89.8%,如此丰富的河网—湖分布构成了江南水乡特色的湿地生态系统,为长期以来太湖流域水资源供给、渔业和农业的发展、社会和人文的演化提供了巨大支撑。

一、 太湖流域湿地生态现状

江苏省湿地分布广泛,是全国湿地资源最为丰富的省份之一。太湖流域曾是全国淡水沼泽湿地集中分布区之一,环太湖地区、阳澄湖、漏湖、长荡湖等大型湖泊和太湖流域东部河网和湖荡区域历史上均分布有大量淡水沼泽,但由于长期人为干扰,淡水沼泽基本丧失。太湖流域自然森林资源相对贫乏,丰富的湿地资源是整个流域重要的自然生态资本,湿地对社会经济发展贡献率高,湿地文化闻名于世。[①] 江苏省太湖流域现有湿地 53.22 万公顷,占流域内土地面积的 27.4%,其中自然湿地(湖泊湿地、河流湿地、沼泽湿地)35.48 万公顷,占湿地总面积的 66.7%,人工湿地(库塘、运河、输水河、水产养殖场)17.74 万公顷,占湿地总面积的 33.3%。根据 2009 年全国第二次湿地资源调查结果,太湖流域苏州、无锡、常州、南京、镇江 5市的湿地面积分别占太湖流域总湿地面积的 56%、20%、14%、8%、1%。其中无锡市现有湿地 10.4 万公顷,占全市土地面积 21.73%,主要包括太湖、漏湖、东汸、西汸、马公荡、阳山荡等。苏州市现有湿

---

① 参见郑建平、徐惠强、姚志刚、翟可《江苏省太湖流域湿地保护与修复研究》,《污染防治技术》2012 年第 3 期,第 79—82 页。

地 29.75 万公顷,占其土地面积的 35.05% ,其湖泊、河流湿地资源均居首位,主要包括太湖、阳澄湖、昆承湖、澄湖、漕湖和望虞河、太浦河等。常州市现有湿地 7.37 万公顷,占全市土地面积的 16.85% ,主要包括长荡湖、滆湖等。南京市高淳县、溧水区湿地面积合计 4.33 万公顷。镇江市丹阳市、句容市湿地面积合计 1.37 万公顷。

二、 太湖流域河网生态系统现状

河网是流域生态系统的自然联通模式,太湖流域河网密布,河道总长度 12 万公里,平原地区河道密度达 3.2 公里/平方公里,纵横交错,支浜众多。河网在削减流域污染物,维持生物多样性方面有着不可替代的重要作用。

太湖上游地区是入太河流主要分布区域,其通过武进港、太滆运河、漕桥河、陈东港、乌溪港等 15 条主要入湖河流,联通长荡湖、滆湖、大运河等主要水体,对太湖的入湖水量、水质和水生态有着重大影响。但由于上游武进和宜兴区域是乡镇产业发达区域,两地长期以来利用主要河道运输功能及其临水而居的城镇布局,导致太湖主要入湖河流自然生态格局受到很大的人为干扰和改变,直立水泥人工堤岸所占比例较大,少量比例的自然堤岸也受到了不同程度的侵蚀和破坏,河道两岸人工湿地的范围被严重侵占,农业种植污染严重,通航河道区域水生植被覆盖度小,种类单一。

支浜是河网的主要组成部分,是联通村庄、农田、湿地的重要通道,从支浜的生态环境状况调查来看,支浜的水生植物总体覆盖率较高(超过 30%),其中漂浮植物和挺水植物所占比重较大,入侵种的比例较大（如水盾草、喜旱莲子草）。支浜宽度较窄，未疏浚过的底质（人为干扰少）水生植物覆盖率高。底栖动物的优势种为水丝蚓属的霍甫水丝蚓和苏氏尾鳃蚓、摇蚊科的羽摇蚊、红裸须摇蚊，这些均是污染水体的主要种类，密度和生物量都非常大，支浜水体属污染严重水体。

三、 太湖湖滨带生态环境状况

湖滨带是太湖湿地生境的主要构成部分，但长久以来随着在太湖开展的围湖造田、围网养殖、湖泊富营养化、建闸筑坝以及其他人为破坏的加剧，太湖湖滨带水生植物分布面积逐渐减少，特别是沉水植被锐减，水生植物净化水质、为水生动物提供繁衍场所的生态功能被逐渐削弱。1948 年，曲仲湘对鼋头渚附近水域的水生植物进行了调查，把植被分为芦苇、浮叶根生带、沉水根生植物带和浮生植物带，芦苇为挺水植物优势种，植物种类丰富。1960 年，中国科学院南京地理研究所对太湖水生植物进行全面调查，结果显示芦苇为西太湖沿岸的优势种，并形成连续性很好的芦苇带，湖中绝大部分岛屿周围都断续地有芦苇分布，沉水植物马来眼子菜和苦草分布稀疏。荇菜、菱、槐叶萍等在芦苇带内偶有分布，其中东西太湖的植物种类基本一致。

东太湖湖滨带水生植物群落在 20 世纪 50 年代有 3 个植被类型，在 20 世纪 70 年代有 6 个植被类型，在 20 世纪 80—90 年代有 9 个植被类型。东太湖湖滨带水生植物"被演替"主要是由于围湖造田，芦苇群丛分布的湿地变成了农田和鱼塘，原有的芦苇群丛基本消失。菰是一种典型的多年生沼泽植物,根茎发达,生长快,生物量巨大。由于渔业生产的需要,20世纪60年代中期,东太湖开始大面积引种菰,使菰群丛自湖岸向湖心蔓延。1960年,菰群丛仅占植被总面积的5.95%,而1980年和1996年则分别占植被总面积的32.35%和29.44%。到2015年,挺水植被仅占植被总面积的7.75%。主要植被类型有:芦苇群丛、菰群丛和菰—莲群丛,主要伴生种类有野菱、伊乐藻、菹草、荇菜、槐叶萍等;芦苇群丛下层还有少量的蓼、空心莲子草、水葱、满江红、李氏禾等;菰群丛下面有水鳖、金银莲花、睡莲、微齿眼子菜和金鱼藻等;菰—莲群丛中菰和莲两者杂合镶嵌分布,下层有芡实、黑藻、狸藻等伴生。

贡湖湖滨带水生植物群落可划分芦苇群落、马来眼子菜+荇菜+穗花狐尾藻群落和马来眼子菜单优群落;梅梁湾湖滨带水生植物群落可划分为芦苇+水花生群落、芦苇群落和菹草群落。两湖滨带沉水植物生长有明显季节性差异,贡湖湖滨带沉水植物生长期为春、夏、秋三季;梅梁湾湖滨带沉水植物生长期为冬、春两季。两湖滨带观测场水生植物尤其是沉水植物现存种存在明显差异,水动力条件、水体总氮和底质营养盐含量不同是造成这种差异的重要原因。

西太湖有水生植物16种,分属于11科12属;水生植物总面积约10220公顷,其中沉水植物分布面积约占64.58%,挺水植物约占0.29%,漂浮植物约占38.16%。各个种之间生物量差异显著,马来眼子菜、荇菜、芦苇的生物量在所有水生植物中居前3位。[1] 半个多世纪以来,西太湖挺水植物优势种依然为芦苇,但是分布区连续性遭到破坏,沉水植物优势种变化明显。对水环境敏感的种类在近20年

---

[1] 参见刘伟龙、胡维平、陈永根、谷孝鸿、胡志新、陈宇炜、季江《西太湖水生植物时空变化》,《生态学报》2007年第1期,第159—170页。

迅速减少或消失,马来眼子菜逐步成为西太湖沉水植物的优势种,分布逐步扩张。漂浮植物中荇菜的分布面积最大,生物量最高。与东太湖沼泽化趋势不同,西太湖的水生植物物种呈加速度减少趋势,单一种逐渐扩大,水生植物单一化发展。

四、 太湖流域湖荡水生植物情况[①]

湖荡是太湖流域内大小湖泊水体的统称,是流域重要的结构单元。在对太湖流域总体水生植物在湖荡中的分布情况调查中,发现太湖流域水生植物共 65 种,属 32 科 52 属,其中蕨类植物 4 科 4 种,分别占全部水生植物的 12.5%、7.7%、6.2%;单子叶植物 15 科 29 属 37 种,分别占全部水生植物的 46.9%、55.8%、56.9%;双子叶植物 13 科 19 属 24 种,分别占全部水生植物的 40.6%、36.5%、36.9%。

按生活类型分,调查的太湖流域水生植物中有沉水植物 10 种,占总体水生植物的 15%;挺水植物 40 种,占总体水生植物的 62%;浮叶型植物 8 种,占总体水生植物的 12%;漂浮型植物 7 种,占总体水生植物的 11%;其它科中分布有较多植物的有眼子菜科、水鳖科、菊科、菱科和蓼科,分别占全部水生植物的 6%、5%、6%、6% 和 5%。

各湖荡水生植物的分布根据不同湖荡面积大小不同,种类也有较大差异。通过调查太湖流域 88 个湖荡,发现太湖水生植物种类最多,为 47 种;其次为滆湖、东氿、西村荡和莲花荡,分别为 12 种。其

[①] 参见《太湖流域水环境状况调查及水专项主要实施的示范区域环境综合整治绩效评估报告》,《中国环境科学研究》2018 年第 6 期,第 53—55 页。

中水生植物在 10 种及 10 种以上的湖荡共 8 个,包括漏湖、三白荡、金鱼洋、东汃、马公荡、莲花荡、西村荡和太湖。

太湖流域水生植物按种分区,分区一主要分布在太湖东北角,即无锡市;分区二主要分布在太湖东南角和西北角,即宜兴市和吴江市,少部分分布在湖州市;分区三主要分布在太湖西南角即湖州市,少部分分布在无锡市;分区四分布较为零散,主要分布在无锡市、吴江市、宜兴市和金坛市内。

太湖流域 65 种水生植物中,出现频率高(大于 50 次)的植物有芦苇,在 77 个湖荡中出现,占总体水生植物出现频率的 13%;喜旱莲子草在 77 个湖荡中出现,占总体水生植物出现频率的 12%;浮萍在 67 个湖荡中常出现,占总体水生植物出现频率的 12%;水鳖出现在 60 个湖荡中,占总体水生植物出现频率的 10%。出现频率较高的植物有菱角,出现于 37 个湖荡中,占总体水生植物出现频率的 6%;金鱼藻出现于 42 个湖荡中,占总体水生植物出现频率的 7%;菰出现于 45 个湖荡中,占总体水生植物出现频率的 8%。其它植物出现频率较小。

五、 太湖流域鱼类情况[①]

根据对太湖流域河流、湖荡和太湖湖体鱼类组成特征的调查,太湖全流域的鱼类隶属 9 目 19 科,其中鲤科鱼类隶属 9 亚科;太湖湖体的鱼类隶属 8 目 15 科,而流域鱼类隶属 8 目 15 科。就流域鱼类

---

① 参见《太湖流域水环境状况调查及水专项主要实施的示范区域环境综合整治绩效评估报告》,《中国环境科学研究》2018 年第 6 期,第 58—66 页。

而言,西部山丘区鱼类计40种,隶属8目13科,其中鲤科鱼类22种,隶属7个不同亚科;平原区鱼类35种,隶属8目14科,其中鲤科鱼类21种,隶属6个不同亚科。同流域鱼类相比,太湖湖区鱼类种类组成存在一定差异,包括鳗鲡及其所在的科、目仅分布在太湖湖体,而青鳉和食蚊鱼及其所在的科、目仅分布在河流水域;鲢和鳙及其所在的鲢亚科、团头鲂所在的鳊亚科仅分布在太湖湖体,鳜鱼所在的鮨科、尼罗罗非鱼所在的丽鱼科也仅分布在太湖湖体,而圆尾斗鱼及其所在的斗鱼科、司氏鮴所在的钝头鮠科仅分布在河流水域。

　　总体来看,太湖流域五个分布区的平均河流鱼类物种接近,但各分区的总物种数存在差异,由高到低分别为浙西(39种)、东部和南部(32种)、北部(22种)、湖西(21种)。同历史时期相比,太湖鱼类物种组成的主要变化趋势表现为:原常见鱼类的种类数量明显下降;大多数洄游性鱼类已基本绝迹,定居性鱼类成为区域内最主要鱼类,半洄游性鱼类也逐渐减少——尽管鲢、鳙等依靠人工放流维持在一定种群数量,目前的鱼类物种组成中,除人工放养的"四大家鱼"外,绝大多数现存种均为小型鱼类。[1]

　　究其原因,一是环湖大堤和闸坝阻断了江湖鱼类的洄游通道,使得降河或溯河洄游的鱼类不能到达产卵场所繁殖,幼苗不能回归长江、湖或海洋生长;二是围湖造田等大大减少了渔用水面和水生植物资源,造成生态环境恶化,破坏了鱼类摄食、繁殖和栖息的环境;三是不合理的过度捕捞;四是大量的工业废水和生活污水排入太湖,造成了水体污染,加剧了太湖富营养化,减少了定居性鱼类的产卵场所和育肥场所,导致部分溪流性鱼类和定居性鱼类无法生存;五是太湖鱼

---

[1] 参见张翔、徐东炯、陈桥《太湖湖滨带大型底栖动物的群落结构研究》,《环境科学与管理》2014年第1期,第159—163页。

类特有的生态学特点形成的种间关系。

第二节　太湖流域河湖生态系统面临的问题

　　从 20 世纪 80 年代中期开始,太湖流域社会经济进入快速发展阶段,人口和企业数量增加,建设用地急剧扩大,城乡建设蓬勃发展,农业化肥农药用量和畜禽养殖量快速增长,其他渔业、旅游业、交通运输业等对自然有重大影响的行业也发展得如火如荼,导致流域河湖自然生态系统承载了超负荷的环境和生态压力,人与自然的平衡系统被严重打破。

一、太湖湖体生态系统受损严重,存在生态灾变风险

　　从太湖湖体本身的情况来看,近 15 年来其富营养化水平在中度与轻度之间波动,2007 年对太湖全面启动综合整治以后,总体水质得到持续改善,但总氮、总磷仍是控制难点,浓度水平存在不稳定特征,蓝藻水华暴发也呈现常态化,蓝藻控制成为流域治理需要长期努力的综合目标。而部分区域太湖底泥淤积较多,内源污染物释放贡献较大,沿岸大量河汊、渔港以及芦苇丛区域为水华的堆积腐烂提供条件,易形成"湖泛"等生态灾变。

　　另外湖体食物网结构简化,生物控藻能力降低。鱼类洄游通道阻隔和沉水植物大面积消失导致太湖鱼类种类大幅度减少。以浮游

动物为食的湖鲚、银鱼产量达到总渔业产量的 70% 以上;对藻类摄食压力弱的小型枝角类和桡足类占有优势地位;而食藻型鱼类鲢、鳙产量逐年下降,不足总产量的 5%,生物控藻能力减弱。总体来看,包括太湖在内的流域水生生物多样性低、结构单一,大型水生植物、鱼类、底栖动物均以耐污种优势群落为主。①

二、 太湖流域"生态圈层"功能退化,污染物拦截与净化能力下降

从陆地森林—湖荡湿地—河网系统—湖滨湿地所构成的流域生态圈层状况来看,太湖流域森林植被面积 5000 平方公里,只占全流域面积的 14%—15%。近 30 年来面积保持稳定,常绿阔叶林是本区地带性植被,但由于长期以来受到人工干扰,原生植被已极少。本区的森林植被大多数恢复时间很短,水源涵养林结构不合理,生态系统比较脆弱,水源涵养和水土保持功能弱。

太湖流域湖荡湿地密布,总面积约 1300 平方公里,相当于太湖湖体面积的 58% 左右,在太湖流域污染物拦截和水质净化中发挥重要作用。近 50 年来,湖荡湿地数量与面积锐减,由于围湖利用而消失或基本消失的湖荡多达 200 个左右,面积高达 400 平方公里。受太湖流域城市化、水体高密度养殖、污染物排放增加等影响,现存的湖荡水体生态退化严重,湖荡湿地面积锐减,水生生物多样性全面衰退,污染物转化和拦截功能严重退化。

---

① 参见余辉《湖滨带生态修复与缓冲带建设技术及工程示范》,《中国科技成果》2013 年第 12 期,第 40—41 页。

在河湖水系连通性方面,环湖水利工程对河湖水系自然生态的影响逐步凸显,各地防洪排涝建设的包圩和闸控体系,降低了河湖的水系连通性,人为控制了水位和流速流向,加剧了平原地区水体的缓流、滞留状态。

而太湖湖滨围湖造田与防洪大堤破坏了太湖湖滨带原有的湿地生态系统,太湖湖滨带开发利用强度过高,环境污染和生态退化加剧,湖滨带挺水植物分布面积锐减,缓冲带内生态破坏严重,湖滨带挺水植物分布面积不断缩小,尤其是太湖西岸及北部区域,原生态芦苇荡几乎消失殆尽,无法发挥近岸的生态系统净化功能,因此太湖综合治理以后,重建湖滨湿地成为一项重要的工程任务,2016 年宜兴太湖近岸开始逐步试点恢复芦苇湿地工程。

三、 流域生态用地侵占严重,产业结构和发展模式不尽合理

太湖流域从土地利用状况来看,1985 年至 2010 年耕地面积减少4354.04 平方公里,同期建设用地增加了 4248.23 平方公里。后十年间耕地面积退缩速度明显高于前 10 年,为前 10 年的 2.23 倍,而建设用地近 10 年的增长量为前 10 年的 3.2 倍。大规模的城镇开发,不仅侵占耕地面积,也导致为耕地占补平衡,地方开发湖荡湿地作为农业用地,破坏原本的湖荡湿地生态结构。[①]

在三产方面,太湖流域一二三产业 GDP 所占比例为 3∶58∶39。

[①] 参见潘佩佩、杨桂山、苏伟忠、王晓旭《太湖流域土地利用变化对耕地生产力的影响研究》,《地理科学》2015 年第 8 期。

第一产业比重逐年降低,第二产业占主导地位,第三产业发展相对滞后。第一产业内部种植业以传统种植模式为主,农田肥料投放量大,利用率低,氮磷流失严重;畜禽养殖业养殖模式不尽合理,排污严重。第二产业内部结构和布局不尽合理,传统高污染行业比重偏高。流域流动人口大量聚集,太湖流域人口密度高达1236人/平方公里,是全国人口密度的9倍,环境资源不堪重负。"十一五"以来太湖流域经济增长迅速,年均GDP增速超过15%,但经济增长模式仍未根本转变,产业结构不尽合理,造成湖泊流域生态环境承受巨大压力。[①]

四、 人为活动对太湖湖滨生态系统的影响

从人为活动影响类型来看,环太湖大堤工程对太湖湖岸带的湿地生态系统的影响是一个重要因素。我国1991年洪水过后,为增强太湖流域抵御特大洪水的能力,流域内实施了11项重要水利工程。在这11项工程中,环太湖大堤工程是一项重中之重的工程。在1999年大水检验中,该项工程发挥了极其重要的作用。然而,它对湖滨地带生态系统的破坏也是十分巨大的,由于大堤修建在正常蓄水位的岸边线上,因此正常蓄水位以上的岸滩生态系统基本上都被破坏。

此外,沿岸区域渔业养殖超常规发展加剧了湖滨带生态系统的退化。太湖渔业养殖始于上世纪80年代初期,上世纪90年代获得迅猛发展,目前,养殖几乎在太湖的沿岸地带均有分布。据调查,全太湖环湖大堤之内的养殖面积有0.73万公顷左右。由于草食性鱼

---

① 参见余辉《湖滨带生态修复与缓冲带建设技术及工程示范》,《中国科技成果》2013年第12期,第40—41页。

类的捕食,使得养殖区水草无法生长,由于食底栖动物鱼类的捕食,使得螺、蚌等软体类底栖动物无法生长,而喜好有机污染物环境的底栖寡毛类和一些水生昆虫幼虫则迅速增加。因而,湖滨带的生态系统受到渔业养殖的超常规发展的显著影响。

旅游业的过度发展,也加速了太湖湖滨带生态的退化。太湖湖滨带具有丰富的旅游资源,在 20 世纪 80 年代以前的很长一段时间内,这种资源一直未被充分利用。改革开放以后,各个滨湖旅游区在开发建设的过程中没有对生态环境的保护引起重视,致使开发区的水土流失严重,破坏了原有的湖滨生态系统。另外,在发展过程中,也存在一个时期滨湖近岸管理不规范,度假区或农民农家乐产生的生活污水直接排入太湖,导致湖滨带水体受到污染,产生富营养化,使水生生态系统受到破坏。

第三节　太湖流域河湖生态建设路径实录

2007 年太湖蓝藻暴发,突显了太湖流域整体面临的环境压力及其生态脆弱性,因此太湖流域水环境综合治理在全面推进截污控源的同时,也系统开展了流域的生态保护与修复工作。针对太湖流域自然地理条件和面临的河湖湿地消失、破坏、受损等突出问题,江苏按照生态系统的整体性、系统性及其内在规律,统筹考虑以湖体、河口、入湖河道、重点区域进行整体保护、宏观管控、综合治理,从 2007 年以来,开展一系列生态保护、生态治理及生态修复工作,出台了一系列政策措施和管控标准,通过十年的不懈努力,全面增强了流域生态系统循环能力、改善了重点保护区域的生态功能,生态治理成效逐步凸显,部分区域生物多样性显著增加。

一、太湖流域生态隔离带及防护林体系建设

根据太湖治理和生态修复的需求,江苏省大力推进太湖流域林业生态建设,加强湿地保护和修复,努力发挥林业生态建设与保护作用,促进太湖水环境改善,开展包括江河湖防护林体系、绿色通道、绿色家园、城市景观生态林、丘陵岗地森林植被恢复和森林抚育改造在内的一系列工程项目。

长期以来,环太湖地区由于缺乏生态防护林带,暴雨季节常导致地表径流增多,农业面源污染物随车地表径流直接流入湖泊中,增加了水体氮磷总量,为蓝藻生长和暴发提供了有利条件。因此,在调整流域的农业生产方式,减少化肥施用量以及保护流域自然植被(森林、湿地)的基础上,在环太湖区域,科学构建具有一定规模的生态防护林体系,能较大程度地将氮、磷等营养物质保留在陆地生态环境物质循环之中,可以达到治理水体富营养化的根本目的。

2007 年太湖蓝藻暴发后,太湖流域开始实施全面的水环境整治行动,并提出了"铁腕治污、科学治太"的治太战略,并把环太湖生态防护林建设作为一项重要的生态修复工程和太湖水污染治本手段,确定到 2010 年,太湖一级保护区完成造林绿化约 1.7 万公顷,环太湖 1 公里范围内建成生态防护林的建设目标。

据此,江苏省林业局编制了《太湖流域林业生态工程建设规划》,要求流域内各地全面完成环太湖一级保护区、重要水源保护区周边 2 公里、入湖河道两侧生态防护林建设,同时,重点开展流域内

环湖缓冲地带、丘陵岗地、退耕地、道路、河岸、城镇和村庄等不同地类林业生态修复工作,印发《环太湖林业生态工程建设造林绿化作业设计导则》,指导各地科学编制生态防护林建设实施方案。① 近五年,环太湖三市共完成封育造林 26.8 万亩,其中,苏州市完成 11.7 万亩,无锡市完成 6.8 万亩,常州市完成 8.3 万亩,均超额完成规划和年度计划任务。无锡、南京、镇江先后获"国家森林城市"称号,苏州市获"国家绿化模范城市"称号,常州市获第八届中国花卉博览会承办权,并正积极创建"国家森林城市"。流域防护林体系建设在缓冲、阻隔、吸收和降解流域内流入太湖内的各类污染物质方面发挥了积极作用,涵养了太湖水源,减缓了太湖流域水土流失。

二、 太湖流域湿地保护与修复工作

湿地不仅具有保持水源、净化水质、蓄洪防旱、调节气候、美化环境和维护生物多样性等重要的生态功能,同时还具有科学研究、科普教育、旅游休闲等多种社会经济价值。② 湿地是实现人与自然和谐发展的重要资源,湿地保护与恢复是太湖流域水环境综合治理的重要手段之一。过去十年太湖流域开展了生态湿地保护与恢复、净化型人工湿地建设、水生植物控制性种养工程,取得了显著效果。

2005 年,江苏省在完成首次湿地资源调查后编制了《江苏省湿

---

① 参见朱玫《太湖流域农业面源污染治理亟待再次提速》,《环境经济》2010 年第 3 期,第 20—25 页。
② 参见《江苏省太湖流域水环境综合治理湿地保护与恢复方案（2013 年 12 月）》。

地保护总体规划(2006—2030)》。太湖作为全国第三大淡水湖,被列入《中国湿地保护行动计划》中国重要湿地名录,是国家重要湿地。2007年5月,太湖蓝藻暴发后,国家《太湖流域水环境综合治理总体方案》与《江苏省太湖流域水环境综合治理实施方案》中均将湿地保护与恢复作为太湖水环境治理的重要措施之一,重点实施太湖湖滨、上游主要入湖河流及河口、上游重要湖泊湿地的保护与恢复工程,恢复基底整理、种植水生植物、生境改造、生态护坡或自然堤岸建设、收割水生植物、生物墙建设、生态廊道建设等。重点工程包括环太湖湖滨湿地保护与恢复工程、上游主要入湖河流及河口湿地恢复工程、上游重要湖泊湿地保护与恢复工程、净化型人工湿地建设工程等类别。

2007—2008年,江苏省林业局组织编制了《江苏省太湖流域湿地保护与恢复工程规划(2008—2015)》与《江苏省太湖流域湿地保护与恢复工程实施方案(2008—2020)》。在"十二五"期间,太湖流域水环境综合治理进一步将污染防治与生态修复并重,把生态恢复与建设作为长期的任务,列入全省林业生态建设重点工程,明确目标任务予以推进,而太湖流域湿地恢复治理也成为江苏湿地恢复工作的重中之重。一是加大流域内湿地的抢救性保护。通过建立湿地保护区、保护小区、湿地公园等多种方式,加强对流域内重要自然湿地及已恢复湿地的保护。目前流域内已建湿地公园25处,湿地保护小区127处,自然湿地保护率达48.1%。二是实施退化湿地恢复工程。在太湖湖滨带、太湖通湖河渠及其支流、上游重要湖泊或水库等地,开展环、带、面相结合的湿地保护与恢复,扩大湿地面积,恢复湿地生态功能,促进太湖水环境改善。至2014年底太湖水环境综合治理省级专项资金已经支持实施湿地保护与恢复项目八期100余项,恢复湿地约 15 万亩。[①]

恢复后的太湖流域湿地生态状况显著改善,太湖、涌湖、长荡湖、阳澄湖等重要湖泊通过实施退渔还湖和湖滨植被恢复,湖泊面积逐步扩大,湖泊生态功能逐步得到恢复,生物多样性丰富,综合效益显著。在环太湖岸线区域,一批湖滨湿地生态恢复项目相继实施,沿湖生态环境得到全面整治,无锡贡湖湾湖滨湿地恢复项目被国家林业局确认为国家湿地恢复示范项目。在湿地恢复的基础上,苏州新区太湖国家湿地公园、吴中区三山岛国家湿地公园、度假区太湖湖滨国家湿地公园、无锡太湖贡湖湾省级湿地公园、蠡湖国家湿地公园、长广溪国家湿地公园等相继建立,融湿地保护、生态体验、环境教育于一体,成为周边公众重要的自然体验和游憩资源,深获当地群众好评。

建成的生态湿地有显著的污染物拦截和净化功能,以《总体方案修编》中确定的江苏省太湖流域综合治理区 2010 年总氮和总磷排放总量数据计算,已实施的生态湿地保护与恢复工程年均削减总氮、总磷量分别约占 2010 年江苏省太湖流域综合治理区排放总量的 15.9% 和 26.1%。而苏州太湖国家旅游度假区湿地恢复工程建成以芦苇为主的太湖湖滨湿地植被带 55 公顷,项目区湿地植物每年可从水中去除氮 56.71 吨、磷 7.32 吨,削减大气中的二氧化碳 2875 吨,释放氧气 1887 吨,取得明显生态效益

此外,太湖流域众多湿地还具有为野生动物提供栖息地、维持生物多样性、调节生态气候和美学多方面的价值,通过近年来太湖流域湿地保护与恢复工程的实施,在苏州、无锡、常州等地的太湖湖滨,入

---

① 参见《江苏省太湖流域水环境综合治理湿地保护与恢复规划(2010—2020)》。

湖河流及河口,以及滆湖、长荡湖等上游其他湖泊、河口建设了一批
生态湿地,涉禽、游禽类湿地水鸟数量显著增多,发现的区域和种类
数量也日益增加,起到了积极的保护和示范作用,也带来了巨大的生
态效益。

三、 环太湖绿色廊道建设情况

由于江苏太湖流域景观格局破碎化,景观结构和组分趋于人工
化,致使景观生态功能不足,加强生态廊道建设,增强源地与周围斑
块间连接,在景观格局构建中生态廊道的建设显得至关重要。打造
环太湖绿色廊道建设将有机串联城市、集镇和村落,形成体现历史文
化、自然山水和城镇风貌的绿色廊道,提升水系岸线及滨水绿地的自
然生态效益,提高绿色廊道的生态稳定性、地域特色性和功能完
善性。①

江苏在2011—2012年启动太湖环湖生态廊道的研究与建设,并
依据生态廊道在研究区景观组分中的分布以及功能特点,在太湖流
域分别构建城市区域廊道、森林生态廊道、农业生产廊道三类。城市
区域廊道主要集中分布在常州市、江阴市、常熟市、苏州市等城市市
区位置。城市区域廊道主要位于江苏太湖流域高度城市化区域,是
经济社会活动密集的区域,同时也是生态系统相对脆弱、生态流最易
被阻隔的地带。城市廊道的作用是将主城区与生态源地连接,提高
源与汇的连通性。作为城市区域与自然生态流进行交流的大动脉,

---

① 参见田颖、沈红军《基于 GIS 的江苏太湖流域景观格局优化》,《污染防治技术》2016 年第 2
期,第 5—8、14 页。

是生态格局构建的关键。森林生态廊道主要位于宜兴市、溧阳市和金坛市等城市植被覆盖率较高的林地。森林生态廊道的主要功能是将主要林地与源地这两类生态功能相对完善的景观类型有效连接。目前太湖流域生态廊道已经形成从宜兴、武进、无锡、苏州的环湖形态,开展了湖滨带恢复与保护的系列工程,成为了环太湖的一张风景名片,吸引了众多游客,也为沿湖生物多样性增加了丰富的地理空间形态。

四、 江苏省太湖流域水生态环境功能区划

太湖流域的治理离不开对流域管理的意识提升和方法改善,从国际看,发达国家对流域的管理也经历了从水质管理到生态管理的演进过程。太湖流域借鉴国内外水生态环境功能区划的经验与办法,也开展了具体的试点工作。

(一) 国际水生态分区体系经验

20世纪末,美国、加拿大等国开始意识到流域本身是有生命的,由此逐渐将水质管理的着眼点转向水体生态系统健康管理,将修复和保持水域的化学完整性(水质)、物理完整性(水量和栖息地环境)和生物完整性作为管理目标,并通过对化学、物理完整性的保护,最终达到对生物完整性的保护。为了更好地保护高生态功能区,修复和恢复低生态功能区,美国联邦环保局首先提出了水生态分区体系,根据地形、土壤、植被、土地利用等自然地理要素进行了水生态一级分区至四级分区的划分。其中,四级层

次是在三级生态区基础上由各州进行划分,五级层次是区域景观水平的水生态区划分。这一分区体系目前已成为美国河流管理的基础单元。①

(二) 我国流域水生态环境功能三级分区体系

我国国家"水专项"利用"十一五""十二五"近10年的时间研究完成了全国十大流域水生态一级、二级分区以及太湖、辽河两大流域三级分区的划分技术方法体系。2015年,在原环境保护部污防司、科技司以及"水专项"办公室的指导下,由中国环科院负责编制的《全国水生态环境功能分区方案》通过了专家论证,建立了全国流域水生态环境功能三级分区体系,划分十大流域片区为一级区,进一步划分二级区338个、三级区1784个,这一方案为各地政府及相关部门进一步开展与实施水生态环境功能分区管理体系指明了方向。

(三) 江苏省推动水生态功能区划分总体情况

长期以来,执行地表水(环境)功能区划和国家地表水环境质量标准是我国区域性水环境管理的主要手段,以此为核心围绕水质目标、水环境功能区达标制定水环境管理的策略和方法,在解决江苏省水资源管理、水污染控制等方面发挥了重要作用,但却难以满足恢复和保护流域生态系统健康的需求。虽然水污染控制仍是江苏省水环境保护的主要任务,但仅仅依靠地表水(环境)功能区划和地表水环境质量标准,难以从根本上认识到水生态系统破坏的形成原因与机

---

① 参见《太湖流域划定49个水生态区》,中国环境网,2016年7月7日。

制,难以满足未来水环境管理的需求,特别是在物种和种群的保护、栖息地的恢复、湿地的保护、水陆统筹管理等方面。开展水生态功能分区管理是对地表水(环境)功能区划的进一步完善和发展。实施水生态环境功能分区管理是流域水环境管理的必然趋势,也是太湖流域环境管理的需要。太湖流域水质逐步改善、生态环境逐步修复,需要确定相应的生态环境指标。①

2015年9月,中共中央、国务院印发《生态文明体制改革总体方案》,明确提出要树立山水林田湖是一个生命共同体的理念,按照生态系统的整体性、系统性及其内在规律,统筹考虑自然生态各要素,进行整体保护、系统修复、综合治理,增强生态系统循环能力,维护生态平衡。2015年4月,国务院出台《水污染防治行动计划》,其中第二十五条"深化重点流域污染防治"明确提出"研究建立流域水生态环境功能分区管理体系"。2016年,原江苏省环保厅会同省太湖办联合制定《江苏省太湖流域水生态环境功能区域》。该区划将江苏太湖流域划分为49个水生态环境功能区(生态I级区5个、生态II级区10个、生态III级区20个、生态IV级区14个),设定水生态管理、空间管控、物种保护三大类管理目标,实行分级、分区、分类、分期考核管理,执行差别化的流域产业结构调整与准入政策。

该区划划分将实现江苏省太湖流域"四个转变":从保护水资源的利用功能向保护水生态服务功能转变,从单一水质目标管理向水质和水生态双重管理转变,从目标总量控制向容量总量控制转变,从水陆并行管理向水陆统筹管理转变。此举将促进流域水生态系统健

---

① 参见陆嘉昂《江苏省太湖流域水生态环境功能分区技术及管理应用》,中国环境科学出版社2017年版。

康与社会经济可持续发展。水生态环境功能分区,是依据河流生态学中的格局与尺度理论,反映流域水生态系统在不同空间尺度下的分布格局,基于流域水生态系统空间特征差异,结合人类活动影响因素而提出的一种分区方法。它是水环境管理从水质目标管理向水生态健康管理拓展的基础管理单元,是确定流域水生态保护与水质管理目标的基础。

(四) 江苏省水生态功能区建设具体内容

依据《国务院关于太湖流域水功能区划的批复》(国函〔2010〕39号)、《太湖流域管理条例》及《太湖流域水环境综合治理总体方案(2013 年修编)》,江苏省水生态功能区所涉及的江苏省太湖流域包括太湖湖体,苏州市、无锡市、常州市和丹阳市的全部行政区域,以及镇江市区、丹徒区、句容市,南京高淳区行政区域内对太湖水质有影响的水体所在区域。

江苏省太湖流域共划分水生态环境功能分区 49 个(陆域 43 个、水域 6 个),分属 4 个等级,其中生态 I 级区 5 个、生态 II 级区 10 个、生态 III 级区 20 个、生态 IV 级区 14 个。

生态 I 级区:水生态系统保持自然生态状态,具有健全的生态功能,需全面保护的区域。

生态 II 级区:水生态系统保持较好生态状态,具有较健全的生态功能,需重点保护的区域。

生态 III 级区:水生态系统保持一般生态状态,部分生态功能受到威胁,需重点修复的区域。

生态 IV 级区:水生态系统保持较低生态状态,能发挥一定程度生态功能,需全面修复的区域。

第四节　典型案例

（一）常州市武进区生态湿地保护与恢复工程

为了改善太湖上游武进地区生态状况,武进加大生态湿地建设和恢复工程建设,2014 年起,常州市武进区在西太湖东岸实施西太湖(武进)重要湿地保护区湿地建设工程,项目位于太滆运河北侧 28.70 公顷和油车港西 66.67 公顷区域,主要工程内容包括植被恢复与景观提升、水上岛屿浮床及植被建设、多生镜岛屿与植被恢复、清淤、地形塑造等。2016 年,武进区投入 300 余万元在武南河和永安河实施湿地恢复工程,恢复约 2.2 公里的河道两岸景观生态湿地,新增挺水及浮叶植物种植区面积 27.1 亩,沉水植物种植区面积 14.9 亩。2017—2018 年,在重点湖泊、流域性河道、各镇支浜完成 1 万亩湿地建设,形成生态缓冲带,大力削减农业面源污染,提升全流域生态优势。

2014 年 9 月,常州市武进区政府批准设立太湖湿地保护小区 2.6 万亩和滆湖湿地保护小区 2.9 万亩。2015 年底,江苏武进滆湖(西太湖)省级湿地公园获得江苏省林业局批复建立。2016 年,常州市创森办批准建立江苏武进宋剑湖市级湿地公园和江苏武进高新区滨湖市级湿地公园。目前,全区已有"滆湖备用水源地保护区"、滆湖国家级水产种质资源保护区、滆湖鲌类国家级水产种质资源保护区等多个湿地保护区域。

2016 年底开始,为切实改善重点湿地植物生长,提高净化水体功能水平,进一步规范武进区重点湖泊湿地植物的长效管护工作,促

沟渠、支浜湿地修复

进湖泊湿地生态系统可持续发展,按照《区政府办公室关于印发武进区滆湖、太湖、宋剑湖等重点湿地植物管护方案的通知》(武政办发〔2016〕192号)文件精神,各相关镇围绕湿地管护任务每年积极开展湿地芦苇收割工作,连续收割面积达8000余亩。收割后效果显著,芦苇的生长状况比连年上升,为鸟类提供了良好的栖息地环境。

(二) 苏州市武进区生态湿地保护与恢复工程

苏州太湖三山岛国家湿地公园由三山岛本岛和泽山岛、厥山岛、蠡墅岛组成,是第一个淡水岛屿型国家湿地公园。作为国内第一个"社区共建"的湿地公园,三山岛改变了将居民划出湿地公园区域的一贯做法,踏上三山岛,住在农家,感受明清以来太湖水上驿站文化。对于太湖环境保护的原始冲动和诉求,让三山岛成为全国第一个以村级为单位申报的国家湿地公园,良好环境催生的生态旅游,带来了

经济效益,带来了对湿地保护的支持,让三山岛走上了一条生态保护
与经济发展双赢的和谐之路。

苏州太湖三山岛国家湿地公园

　　苏州太湖湖滨国家湿地公园位于吴中区太湖度假区景观大道中
心区。早在 2007 年太湖水污染危机爆发之前,就率先开始了湿地恢
复以改善水质,现已经成为湿地生态恢复的一大典范。长 5.5 公里
的湿地岸线,成为减缓蓝藻密度的天然"屏障",书吧和观鸟屋的结
合,成为华东地区个性化的自然科普馆,更是"小成本,大收益"的宣
教中心示范。书吧收藏有丰富的自然教育书籍,在提供休憩场所的
同时,宣传湿地保护理念。

苏州太湖湖滨国家湿地公园

吴中区七星揽月湿地公园(市级)位于吴中区环太湖大道临湖镇段,主要由菱湖渚、柳浪听涛、百鸟滩、芙蓉洲、芳草渚、秋水苑、雪香坞等七块较大面积的自然滩涂地和林地组成,总面积306.5公顷,其中湿地面积202.7公顷。公园内既有相对广阔的湖面,又有曲折幽长的河道,还有大片景观林地,集合浅滩沼泽、河流、湖泊等多种类型的生境,桃红柳绿的环太湖观光大道贯穿其中,构成一条富有江南水乡气息的湖滨风景线,犹如太湖边一串靓丽的珍珠项链。

吴中区环太湖湿地——水草丰美、群鸟翱翔、水天一色、景色宜人的吴中区环太湖湿地带连接东山、临湖、胥口、香山、金庭及光福等镇(街道),具有重要生态功能,对改善湖区水质,维护生态平衡,促进人与自然和谐相处,推进吴中区可持续发展具有重要意义。近年来,吴中区高度重视湿地保护与管理,认真贯彻落实《苏州市湿地保护条例》,2012年分别出台太湖湿地、太湖沿岸水体环境、太湖饮用水源地保护、太湖水草和蓝藻打捞工作等管理标准和考核办法,并成立了区太湖水环境综合管理协调领导小组,率先对太湖水环境开展

吴中区环太湖湿地

综合长效管理。目前全区在环太湖建成国家湿地公园 2 个,市级湿地公园 2 个,实施湿地生态恢复项目 7 个,恢复湿地面积 800 公顷,将太湖列入市级重要湿地名录,建立太湖湿地保护小区,太湖风景名胜区(东山、西山及光福景区)自然湿地纳入受保护范围,在三山岛启动了"湿地 1 + 1"活动,并组建了"湿地自然学校",开创了苏州湿地保护宣教新模式。

澄湖水八仙湿地恢复工程位于吴中区澄湖,恢复湿地面积 1065 亩,总投资 1500 万元。位于苏州市吴中区的东部,澄湖西北角,总用地面积为 1065 亩,总投资 1572.75 万元,项目主要分为湿地生境改善工程、植物系统构建工程、生物放养工程。通过项目的实施,将达到净化河道水体,成为流入澄湖及吴淞江河流水质的净化器。通过景观湿地的塑造、生态植物栽植等手段,在净化河道水体的同时,提升澄湖沿岸水体的自然景观,实现经济、社会和环境效益的最大化。

(三) 太湖旅游度假区绿廊建设

太湖旅游度假区绿廊建设项目南起新天地公园,北至陈华路,总面积约 41.4 万平方米。目前南端演艺中心约 8 万平方米景观绿化已完工,北侧陈华路至孙武路约 6 万平方米为生态林地。其余部分因拆迁清障影响较大,2019 年拟启动蒯祥路北、后塘河南区域约 9 万平方米样板段施工。总投资额约 7000 万元。

环太湖生态旅游观光林带南起东山国宾馆,北至西山太湖大桥,沿线全长约 30 公里,以环太湖大道为轴心向东西两侧展开,林带宽度为 300—500 米不等,由西向东的横向构成滨湖绿地——道路绿化——沿河林带,林带总面积约 1.17 万亩,总投资额约 2.8 亿元。林带主要由四部分组成,即沿太湖七星揽月绿化景观工程、环太湖大

环太湖生态旅游观光林带

道绿化工程、顺堤河绿化工程和环太湖生态林建设工程。整个林带共种植各类乔木 100 多万株、灌木 20 多万株、竹类 50 万株、色块和草坪 150 万平方米、水生或湿生植物 22 万平方米,保护原生芦苇和湿地 1 万余亩,以及景点内游路、广场、建筑小品、滨水景点等,构筑出了富有江南水乡气息的太湖湖滨风光,为保护太湖水质和维护太湖滨水地带重要的生态防护功能发挥了积极作用。其中,市区两级机关义务植树林位于环太湖联东路两侧,林带长度 1000 米,宽度 250 米,总面积 350 余亩,分别是:2007 年 12 月 26 日苏州市市级机关及驻苏部队植树 200 多亩;2008 年 3 月 12 日吴中区区级机关植树 100 多亩,主要栽有榉树、香樟、女贞、落羽杉等 28 个树种。经过多年的营造、抚育、保护和管理,如今的环太湖生态林面貌大为改观,呈现出疏密有致,光影浮动的森林景观。漫步在浓密的树荫下,人们在林中的绿色氤氲里心旷神怡地呼吸着,有一种完全置身于绿意盎然大自然的新鲜感,能充分享受回归自然,体验天然氧吧。

第六章
江苏省太湖流域体制机制建设篇

　　由于国家机构设置问题,太湖流域长期以来水资源和水环境管理部门分工明确,各司其职,部门之间条块分割,缺乏横向合作机制,这种治理格局难以形成有效合力。面对困难和挑战,既要敢于出招又要善于应招,太湖流域治理通过深化改革,转变政府职能,创新体制机制,扭转"多龙治水"的局面。

第一节　太湖水环境治理体制机制问题分析

　　回顾无锡水危机,首要问题是破解"三个和尚没水吃"的困境。虽然各级政府相关管理部门和管理体制经历数次变迁,但对流域综合治理的认识理念不到位,对原有治理体制的改革创新力度不到位,不能适应现实的流域治理需要,使得太湖综合治理工作难以有所作为,导致水环境污染问题长期得不到根本有效解决,太湖治理成效只能差强人意。太湖生态修复力度远低于经济高速发展带来的水污染加剧趋势,现有治理体制机制难以推动经济社会与环境可持续发展,亟待进行改革完善。

一、 流域管理机构难以承担综合治理的职责

太湖流域治理涉及水资源保护、水污染防治、湖面、岸线管理以及流域内产业规划、项目审批等内容,流域内涉及江、浙、沪三地省市的各级地方政府,太湖管理需要引入流域综合治理的体制。对此,2002 年新修订的《中华人民共和国水污染防治法》第十二条明确规定:"国家对水资源实行流域管理与行政区域管理相结合的管理体制。"但目前作为流域管理机构的太湖流域管理局,是水利部的派出机构,不是直属中央政府的一级行政部门,不是权力机构,其职能单一,职责权限有限,法律地位不高,缺乏必要的权威性和强有力的执行权,难以抵御来自地方行政的不适当干预,更难于协调各方利益主体间的冲突。在太湖治理越来越偏重于污染治理和环境保护的现实境况下,由水利部门而非环保部门主导参与的太湖流域管理局由于缺乏必要的专业技术队伍和法定职权,难以胜任流域综合管理的重任。《中华人民共和国水污染防治法》第四条规定:"重要江河的水源保护机构,结合各自的职责,协同环境保护部门对水污染防治实施监督管理",这里定位的"协同"地位,就充分说明了这一点。《中华人民共和国水污染防治法》第五十六条同样说明了地方政府权力在流域的管理过程中居于主导地位,涉及水资源开发、利用、治理、配置、节约和保护,甚至水纠纷的处理,所有涉水事务都由政府行政管理来实现。作为原国家环保部下设的水环境管理办公室职能更加单一,其法律地位更难以起到协调跨省流域的水纠纷问题,同样难以承担起对太湖流域综合治理的重任。2008 年以来,国家层面虽然成立了由国家发改委牵头的太

湖治理省部级联席会议制度,但从近几年运作情况来看,除了每年召开一次联席会议,没有常设性办事机构,且没有法律明确授予的职责权限,省部级联席会议制度难以真正发挥综合协调和管理的作用。从江苏省来说,虽然省太湖办的成立是一个创新性的举措,但由于具体职能所限,只能发挥参与和协调作用,不能起到应有的统一监管和综合治理的效能,对加强太湖水污染防治工作显得心有余而力不足。

二、 条块分割区域分割的管理模式不利于治理工作的统筹推进

首先,"多龙治水"的局面长期得不到有效解决。根据江苏省省级机关的原"三定"方案,省水利厅的机构职能中明确统一管理和保护全省水资源,指导水利行业供水、排水、污水处理工作;省住建厅负责指导城镇供水、节水、排水和生活污水处理工作;原省农委负责指导农业生态环境保护,农业面源污染治理有关工作;原省环境保护厅负责水体、大气等环境污染防治的监督管理。这些部门在太湖水生态环境保护和污染治理方面就存在职责交叉、工作重叠的部分,因缺乏相互间的统筹协调,必然影响治理的效率和成效。其次,难以应对环境突发事件。在管理体制存在长期分割的状况下,不同层级政府之间、不同部门之间往往由于职能划分不明、沟通协调不足,在应对突发事件时无法做出及时而协调一致的反应,导致事故处理的低效率。同时,由于各部门在水资源、水质监测等方面的信息不能共享,对水资源与水环境综合管理缺乏科

学、系统的规划,难以实行综合统筹管理。最后,信息交流不畅。在信息交流方面,多个部门同时开展水质监测,重复建设系统平台等现象非常严重,不仅导致资源浪费,且不同部门,如环保部门和水利部门对水质监测公布的数据常常不相吻合,使人们对监测标准和方式的科学性、规范性产生怀疑,影响对水环境准确评估和制定执行相应决策。

三、 太湖水环境的保护工作常常受制于地方经济发展

长期以来,对地方政府和官员的政绩考核往往只关注 GDP 的增长,而缺乏有关环境保护与生态建设的硬性指标,导致许多地方急功近利,在经济发展和环境保护之间出现冲突时,一些地方为了追逐所谓的发展政绩,不惜以牺牲生态环境为代价。也有一些地方,在区域发展时不能统筹考虑全流域水环境的承载能力,采取地方保护主义的做法,甚至不惜背离流域发展的整体利益,盲目上马没通过环评的大型项目,常常出现上游排污、下游治理,或上游保护、下游破坏等以邻为壑的现象,并多次引发跨行政区水污染纠纷。水资源作为一种共有态物品,是经济社会发展的必备资源,流域上下游、左右岸政府之间为了追求地方利益最大化对于有限的水资源进行抢夺式利用,而在水污染治理中往往处于"搭便车"的心理而采取消极的态度。这种情况明显反映在跨行政区断面的水污染指标上,并多次引发跨行政区水污染纠纷。

第二节 太湖流域水环境治理体制创新

为了落实地方政府和各职能部门的治太职责,江苏省进行了系列革新:实行目标责任制、创建"双河长制"、建立突发事件应对机制和决策咨询机制、建立督政体系,构建起太湖流域水环境治理新体制。

一、 跨地区合力治污新体制

水环境治理作为一项系统工程,需要有健全的、权威的统一协调管理体制机制。太湖流域水环境综合治理建立由国家综合部门牵头,有关部门和江苏省、浙江省、上海市(以下简称"两省一市")参加的省部际联席会议制度,形成区域间的协商合作机制。

联席会议不定期召开。会议主要任务包括:统筹协调太湖流域水环境综合治理中的各项工作和重大问题;指导专项规划的制定和实施,分解落实《方案》确定的各项任务和措施,并提出年度计划;监督检查,定期评估和通报《方案》实施进展情况;推动部门、地方之间的沟通与协作。

2015年3月19日,太湖流域水环境综合治理省部际联席会议第六次会议在苏州市召开。会议肯定了太湖流域水环境综合治理所取得的成绩,在太湖流域经济总量较2007年增长一倍多、人口增加1000多万的背景下,供水安全得到保障,水环境质量保持改善趋势,成绩难能可贵,经验弥足珍贵。会议明确了今后一段时期的工作重点,围绕生态文明建设的主线,以《太湖流域水环境综合治理总体方案(2013 年修编)》为指导,以改善水环境质量为核心,攻坚克难,创新驱动,形成"政府统领、企业施治、市场驱动、全民参与"的水环境治理新机制,通过责任考核制度化、治理措施系统化、项目运作市场化、环境管理法制化、公众监督透明化,建立太湖常态治理与管理新模式,全面实现《总体方案》制定的 2015 年近期目标,使太湖成为全国湖泊治理的标杆。

二、 省内合力治污新体制

为形成治污合力,围绕治太"一盘棋"的总体思路,江苏先后成立了省太湖水污染防治委员会、省防控太湖蓝藻应急处置工作领导小组,以及资深专家组成的省太湖水污染防治和蓝藻治理专家委员会,形成了良好的突发事件应对机制和决策咨询机制。针对执法监督不力的难题,江苏建立了相应的督政体系,先后建立了苏南、苏中、苏北 3 个环境保护督查中心,成立了"263"专项行动领导小组、江苏省打好污染防治攻坚战指挥部。

(一) 建立突发事件应对机制和决策咨询机制

1996 年 11 月 19 日,省太湖水污染防治委员会成立。2008 年 4 月 22 日,省政府对太湖水污染防治委员会成员进行调整充实,省长任主任,常务副省长和分管副省长任副主任,成员包括太湖流域 5 市领导,以及省 20 多个委、厅、局的"一把手"负责人。

2008年5月4日,省防控太湖蓝藻应急处置工作领导小组成立,常务副省长任组长,分管副省长任副组长。领导小组下设调水引流、饮用水保供、控污排放、蓝藻打捞、应急供应、宣传报道6个工作小组。领导小组办公室设在省政府办公厅。

2008年9月,省太湖水污染防治与蓝藻治理专家委员成立。专家委员会分设应急组、控藻组、治污组、综合组。主要职责是:根据省太湖水污染防治委员会的安排,对太湖流域治理规划和计划、重大政策和决策、重大水污染防治工程措施等重要事项,在其颁布或实施前进行审议咨询,提出审议咨询意见;对太湖蓝藻的预警、应急和治理工作提出建议;受省太湖水污染防治委员会委托,组织开展国内外专题考察和研究等。

2009年4月10日,省太湖水污染防治办公室成立,太湖流域5市也相继成立了"太湖办",初步形成强有力的领导体制和督政机制,统一履行治太工作综合监管职责,强化组织协调和督查机制。江苏省各设区市也自上而下,条块结合,成立市、区(县)、镇级等相应的太湖治理工作组织实施机构,综合协调,团结治太。

2018年,根据《江苏省机构改革方案》,江苏组建省生态环境厅,作为省政府组成部门。省太湖办的职责纳入新组建的省生态环境厅。

(二) 督政体系形成

执法监督不力是太湖流域管理中存在的难题。太湖流域河网众多,面积很大,执法力量严重不足,且缺少强有力的执法手段,对发现的流域内破坏水生态,造成水环境污染的违法事件难以及时处置。此外,环境公益诉讼制度不健全,也使得水污染事件难以得到法律的强有力保障。

2007年,参照原国家环保总局设立督查中心的管理模式,江苏省政府批准建立苏南、苏中、苏北3个环境保护督查中心,全面加强全省环保督查工作。对于苏南环保督查中心,太湖流域环境安全和"两个确保"是其工作的第一要务。2017年底,苏南、苏中、苏北3个环境保护督查中心被撤销,其行政职能划入原江苏省环境保护厅。

借鉴中央环保督察的督政手段,江苏成立"263"专项行动领导小组,省长任组长、省领导担任副组长,21个部门的负责同志为成员,领导小组下设办公室,从相关部门抽调精干人员,集中办公、实体运行。各市、县(市、区)也成立专项行动领导机构,层层落实、环环相扣。省里还建立"263"专项行动督察考核、责任追究等制度,对各地各部门推进落实情况进行重点督察。

江苏省政府召开"两减六治三提升"专项行动新闻发布会

2018年8月,江苏省打好污染防治攻坚战指挥部成立,原省"两减六治三提升"办公室升格,负责统筹协调、组织指挥和督促落实打好污染防治攻坚战中的重大事项。指挥部由省委副书记、省长吴政

隆担任总指挥,5 位省政府领导担任副总指挥,其他各相关部门负责
同志担任成员。

三、 建立严格的督查体制

"十一五"期间,太湖流域环保系统形成了市县片镇村五级环境执
法网络。为提高环保执法效率,流域上下建立了突击查、夜夜查、交叉
查、错时查等飞行检查以及专项执法检查制度。对未完成治理任务的
地方领导,原江苏省环境保护厅建立约谈制度,及时指出问题,限期整
改。对水环境治理进度缓慢、长期难以解决的问题和项目,不少地方
实行领导干部挂牌督办制度,省市的纪检和监察部门也参与定期的联
合督查。从例行的定期检查到突击、不定期检查,从人工检查到在线
监测,由点及面,不断克服行政干预、地方保护等重重困难和压力。

一些地方也探索了不少监管执法机制。如常州市开展"环保3218
在行动",即环保月度点评会、环境质量分析和环境执法与信访工作3
个会议,用好协同反应和考核督查2种机制,依托数字化管理1个平
台,灵活用好有效监控、全面监管、经济杠杆、法律追究等8种手段;建
立了全国首家集司法、行政和民间力量于一体的环保联动执法中心;
2011 年11 月,在省内率先成立首个环境民事公益诉讼的社团组
织——常州市环境公益协会,以该协会为主体,对恶意破坏环境的行为
提起诉讼,对违法排污行为发挥积极有效的震慑作用;全面实施环保找
差活动,建立环保义务监督员制度,市环保部门建立找差、分析、督办机
制,强力推进环境问题整改。

苏州市吴中区拥有太湖3/5 的水域面积,生态红线保护区域占

全区土地面积的 87.1%,是江苏省生态红线区域最大的区(县、市)。保护好这块水域既涉及生态,又涉及民生。2013 年,吴中区建立了太湖水环境司法和行政联动保护执法机制,成立了由区人民检察院、人民法院、环境保护局、信访局、纪检监察局参加的太湖水环境保护联动办公室,建立了由办公室成员单位、区农业、水利、城管及省渔管会等部门参加的联席会议制度,印发《关于加强太湖暨水环境司法与行政联动保护的实施意见》,为推进太湖保护和水环境治理工作提供了有力保障。在此基础上,吴中区还成立了水环境综合管理办公室,组建了蓝藻水草专业打捞队和综合执法管理队,对太湖实行湿地保护、芦苇收割管理、水草蓝藻打捞、沿岸水体保洁、饮用水源地保护等综合长效管理,成效显著。

　　10 年来,省有关部门群策群力,形成太湖流域监管合力。省住建厅建立太湖流域城镇基础设施建设工作的督查、约谈、通报、考核奖惩等机制;出台《江苏省城镇污水处理厂运行管理考核标准》《江苏省污水集中处理设施环境保护监督管理办法》《江苏省城市市政公用事业特许经营权招标投标制度》《江苏省城市市政公用事业特许经营权临时接管制度》《江苏省城市市政公用事业特许经营市场退出制度》等 9 项监管制度,从强化责任、规范市场行为、深化价格与收费等多方位加强监管。省审计厅建立太湖流域专项审计制度,重点对省级治太资金项目开展跟踪审计和环境绩效审计,基本涵盖了太湖治理的各种类别。原省太湖办作为专职督查机构,从 2009 年起,连续 10 年围绕目标责任书、应急防控、资金项目建设、环境经济政策落实、河长制执行、主要入湖河流及重点断面水质等开展全方位的督查工作,建立了季度通报、河长通报、重点通报、全年通报等督查通报制度。为弥补行政力量的不足和专业技术能力的差距,原省太湖办还开创了购买中介服务开展委托调查的政府管理外包新机制。

建立网格化环境监管体系

第三节　太湖流域环境管理制度创新实践

2007年以来,江苏省太湖流域围绕必要的行政手段,在已有的环境管理制度基础上,也探索出一些独具特色的制度创新。

一、太湖治理目标责任制

太湖治理目标责任制是江苏太湖治理始终坚持的一项制度,从2009年起,原省太湖办受省政府委托,不断深化和创新该项制度。

（一）目标责任制工作开展情况

每年年初,由原省太湖办牵头组织太湖流域 5 个市和 10 个省有关部门编制年度太湖水污染治理目标责任书,国家总体方案和省实施方案及省委、省政府的年度要求,都通过责任书的形式落实到地方和省有关部门。目标责任书的内容主要包括三个方面:一是年度的治太总体目标,"两个确保"(确保饮用水安全、确保不发生大面积湖泛),以及年度水质改善和总量削减目标;二是涉及国家和省两个方案中能细化到年度的一些任务性要求,包括城市污水处理率等指标要求;三是年度各项工程项目建设目标。从 2009 年起,目标责任书制定经历了三个阶段:首先是流域各市、省有关部门依据国家、省实施方案以及有关治太规划等要求,分别自报建议稿;然后,原省太湖办会同省发改委、原省环境保护厅以及其他行业主管部门,与太湖流域 5 市多方充分衔接,形成征求意见稿,征求各市和各部门意见;最后,汇总反馈多方意见,形成了太湖水污染治理目标责任书(送审稿),报省政府审定,在每年的太湖水污染防治扩大会议上,由分管省长和各市、各有关部门主要负责人签订。

目标责任书的实施主要包括 3 个方面:一是进一步细化分解落实,地方和省各有关部门会把省级治太目标责任书目标和任务逐级分解,再次签订市县或行业内部责任书,并组织各地各部门和各单位实施。二是建立定期调度制度,从省到市、县(区)建立了月度调度、季度通报制度,主要对流域水质状况、工程进展、主要存在问题进行分析,并提出下阶段工作要求等。三是开展检查调研,原省太湖办、省有关部门及各市均围绕目标责任书,定期和不定期地开展治太难点、重点问题的督查、检查和调研,及时分析汇总问题,寻找解决途径。

目标责任书考核主要分为四个阶段:一是委托中介抽查。每年12月左右,原省太湖办委托东南大学环境学院等中介机构,先行抽查列入责任书的部分项目,解决政府检查行政力量和技术能力不足的问题。二是组织自查。每年年底,各市和各有关部门对目标责任书规定的各项目标任务完成情况逐项检查分析,填写自查表,并形成书面报告,对未能按期完成的作出说明,并提出下一步工作打算。三是开展检查考核。每年年初,省政府成立检查考核团,根据自查、委托中介抽查、现场考核情况,对省各有关部门、流域各市人民政府年度目标任务完成情况进行考核评价,2014年,原省太湖办制定出台了《江苏省太湖流域五市水污染治理目标责任考核细则(试行)的函》,考核结果分为"优秀、良好、一般、较差"四个档次。四是在每年度省太湖治理委员会全体(扩大)会议上,原省太湖办通报目标责任书考核情况。

(二) 目标责任书地位、特点

1. 准确认识目标责任书的地位

落实治太方案的年度安排。国务院批复的总体方案、省政府批复的省实施方案是太湖治理的近远期规划,是指导太湖治理的纲领性文件。省实施方案在治太目标、任务和工程项目上与国家总体方案基本保持一致,细化增加一些项目和类别,是对总体方案的补充和完善。省政府对照国家《总体方案》和《实施方案》要求,每年与流域5市政府、省有关部门签订太湖治理目标责任书,把治太方案不同阶段的目标、任务和工程分解落实到年度,保证方案的实施。

体现治太责任的重要形式。太湖治理是党中央、国务院交给江苏的重大政治任务,在每年度省太湖水污染防治委员会全体(扩大)

会议上,省政府以签订目标责任书的形式,将治太任务布置到有关地方和部门,体现出太湖治理的严肃性、目标责任书的权威性,也是各级政府和部门对履行治太责任的庄严承诺。

实施治太项目的主要载体。目标责任书以附表形式,将国家总体方案、省实施方案重点工程项目按年度分解到地方和省有关部门,通过定性和定量结合,确保工程项目得以实施。

推进治太工作的重要手段。目标责任书涵盖了水质改善、总量削减等目标,应急防控、控源截污、生态修复等工程项目,体制机制健全等政策措施。5 年实践,实施了大批治太项目,完善了治太体制机制,提高了流域水环境质量,成为推进太湖治理工作的重要手段。

2. 目标责任书主要特点

力求统一对应。目标责任书的制定要多方衔接,力求做到"治太方案和年度任务、地方和部门、正文和附表"三个统一对应。

坚持与时俱进。根据治太形势变化,5 年来,目标责任书在格式上由正文变为正文加附表形式,编制由原省太湖办主导变为由原省太湖办与省发改委共同主导,考核由考核项目过渡到考核项目与水质,每年均针对年度实际情况提出不同的工作重点。

注重调查研究。围绕目标责任书落实,开展了大量制度化常态化的调研工作。仅 2013 年,就分别赴宜兴、武进、溧阳、吴江、吴中、昆山、相城、丹阳、句容、江宁、高淳等基层开展调研、督查工作。先后形成太湖流域城镇生活污染治理、农业面源污染治理、氮磷拦截工程、农村环境连片整治、藻泥资源化利用、无锡市应急工作、武进区农村生活污水治理、武进区畜禽养殖污染治理等几十篇调研报告。

推进多方合作。引入委托检查和政府购买服务制度,委托省工程咨询中心、东南大学环境学院、省环境工程咨询中心等中介机构,对各地工程进展、省补资金使用等情况进行检查摸底。引入联合调研、审计、督查、考核制度,充分调动省有关部门治太积极性。

二、 太湖治理"河长制"

"治湖先治河,治河先治官",这是对太湖治理"河长制"的形象概括。"河长制"不仅给地方党政主要领导落实了环境责任,也给班子成员和部门负责人落实了治污责任,有效地调动了各方力量和资源参与河流整治,使各级干部在太湖治理和环境保护工作面前没有旁观者。

(一) "河长制"工作开展情况

"河长制"始于江苏太湖流域,由无锡市在 2007 年水危机事件后首创,即由各级党政领导担任"河长",负责推进辖区内河流的水环境治理和水质改善工作,其实质是地方政府切实履行环保法规定的对水环境质量负责的法定责任。

2008 年,省政府办公厅下发《关于在太湖主要入湖河流实行"双河长制"的通知》,15 条主要入湖河流全面实行"双河长制",每条入湖河流由省、市两级领导共同担任"河长",其中省政府主要领导和分管农业、工业、环保的领导分别担任望虞河、大浦港、社渎港、漕桥河等河流的省级河长,省有关部门负责人担任余下河流的省级河长,河流所在地的地方政府主要领导和分管领导担任相应的地方河长。"双河长"分工合作,协调解决河流水环境问题。

原江苏省环境保护厅在总结"河长制"管理经验的基础上,对

"河长制"进行了创新和延伸,在太湖流域65个重点断面建立"断面长"制,为改善重点断面水质提供了有效载体。从2014年开始,原江苏省环境保护厅在主流媒体通报上一年度整治不达标的城市河道,并公布相应的河长名单。2015年,原省太湖办首次通过主流媒体通报主要入湖河流水质情况。2016年6月,原江苏省环境保护厅对不达标断面的县级"断面长"首次进行集中约谈。

(二) "河长制"特点

注重建章立制,打好"河长制"工作基础。除了各地出台各项规章制度外,省有关部门也努力践行"省级河长"职责。原省太湖办承担了省级河长办公室的职能,印发河长工作意见,出台"河长制"考核办法,把河长制的工作要求列入各地和各有关部门的太湖治理年度目标责任书。江苏各地各部门相继出台有关管理办法或制度规定,确立工作措施、责任体系和考核办法等,为推行"河长制"提供了政策依据。

注重一河一策,提高"河长制"工作的针对性。省级河长牵头会同地方编制主要入湖河流整治规划,按照"规划、资金、项目、责任"四落实的原则,逐条分析会诊,制定有效的针对性治理措施。

注重督查考核,强化"河长"的责任意识。根据省委、省政府要求,省级河长和地方河长每年对自己分工的河流,至少分别进行一年两次和每季度一次的定期检查督查,协调推进水环境综合整治。每年地方政府对照年初制定的任务目标,对各级河长履职情况开展考核,并严格奖惩。原省太湖办按月调度各级河长工作,定期通报相关河流水质及地方河长履职情况。

注重改革创新,推进"河长制"的完善。从"河长制"到"断面长"

制,再到有设区市延伸创建的"浜长制",这些制度体系,成为促进地方党政领导治理河流、保护环境、改善民生、建设生态文明的重要抓手。省太湖办建立治太联络员制度,为15条主要入湖河流省市河长配备了联络员。为调动河长工作积极性,部分地方设立了"河长制"管理保证金专户,实行保证金制度。

(三) "河长制"地方实践

太湖流域各地在"河长制"实践工作中,因地制宜摸索出了不少行之有效的做法。

1. 无锡市

出台文件,提供"河长制"制度平台。2007年,制定出台了《无锡市河(湖、库、荡、氿)断面水质控制目标及考核办法(试行)》,明确要求将79个河流断面水质的监测结果纳入各市(县)、区党政主要负责人(即河长)政绩考核。2008年,又下发了《中共无锡市委无锡市人民政府关于全面建立"河(湖、库、荡、氿)长制"全面加强河(湖、库、荡、氿)综合整治和管理的决定》,明确了组织原则、工作措施、责任体系和考核办法,要求在全市范围推行"河长制"管理模式。2010年,无锡市实行"河长制"管理的河道(含湖、荡、氿、塘)就达到6000多条(段),"河长制"管理对象已经覆盖到村级河道。

建立机构,搭建"河长制"组织平台。无锡市"河长制"办公室主任由市政府分管副秘书长担任,市水利、生态环境、市政、城管、农业农村、住建、交通等部门负责人任副主任。各县(市、区)"河长制"管理均由水利部门牵头开展,各级"河长制"管理办公室均落实了工作经费、工程经费和考核经费,河长办全部实行挂牌办公。

市、县(市、区)、镇(街道)三级"河长制"办公室作为"河长制"

工作的日常管理机构,按照常设机构的要求组织和落实好工作任务,承担和参与着水环境治理的规划论证、截污控源、河道综合整治、水系沟通、产业结构调整、农村环境整治及河容岸貌日常管理等重要工作,对日常水环境问题进行调查、协调、处理和回复,并组织力量对各自区域内的"河长制"管理河道开展检查考核,掌握水环境综合状况,推进工程建设进展,为河长履行职能提供决策支持。

严格考核,强化"河长制"责任落实。对"河长制"管理工作实施分阶段考核和年终考核,对考核得分和排名情况及时予以通报,督促河长履行职责,牵头组织所管河道综合整治方案的制定、论证和实施,促进所负责河道水环境持续改善和断面水质达标。

2. 常州市

延伸建立"河长""断面长"制。由市委书记、市长等14名市领导分别担任涉及区域补偿、国控、省控、太湖考核等33个重要水质断面的"断面长",建立四级"河长"体系,2729条河道落实市级总河长2名、市级河长10名、县级河长168名、镇级河长818名、村级河长1178名,对河道水质改善负总责,组织推进河道综合整治。

制作"河长"督查手册。为便于"河长"对所负责河道整治情况进行督查和推进,武进区为每位"河长"制定了《督查手册》,包括3条入太河流及其他主要河流的河道概况、水质情况、存在问题、水质目标及主要工作措施,供"河长"们参考,督促、指导各镇(开发区)、各部门开展河道综合整治,实现整治目标、工程、资金、考核"四个到位"。

严格执行通报点评制度。市生态环境局每月通报市、区两级"河长""断面长"挂钩河道水质情况,并汇总治太重点工程进展情况和存在问题,以月报形式发各位"河长""断面长"。"河长""断面长"

根据月报及时掌握情况,有的放矢,针对重点开展督查和协调工作,并限时解决河道治理工作中的困难和问题。

认真落实现场督查要求。市级"河长""断面长"坚持每2—3月一次现场督查,察看河流整治情况,了解水质最新状况和项目实施情况,协调解决项目实施中的问题,根据每阶段工作重点,部署下一步工作措施。

2017年,武进区在湖塘镇首批试点24位企业河长的经验基础上,开始在全区推广企业河长,目前已有企业河长173名,河长们"出人、出力、出钱、出策"。全区各级河长已累计开展巡河67000余次,查找并通过区、镇两级河长办交办各类涉河问题6500余个。

3. 苏州市

2007年12月,苏州市出台《河(湖)水质断面控制目标责任制及考核办法(试行)》,全面实施河(湖)水质断面属地行政首长责任制,即"河(湖)长制"。

2017年、2018年,苏州市先后出台《关于全面深化河长制改革的实施方案》《关于深化湖长制工作的实施方案》,确立"河(湖)长制"阶段性目标:2017年全面建立,2018年全面治河,2019年全面攻坚,2020年全面见效。至2020年,打造10条省级、100条市级、1000条镇村级示范河湖,努力建成2到3条全国性河湖管护样板。全市河湖管理保护机制基本建立,现代水治理体系率先形成,水治理能力全面提升,水生态文明格局初步确立,河畅、水清、岸绿、景美成为河湖管理现实模样。

苏州市"河(湖)长制"建立了党政领导、一级抓一级,河长主导、层层抓落实,社会引导、全民共参与的部门联动、上下共治、长效管护工作制度;建立了河湖长牵头、河道主官为纽带的"交办、会办、督办、查办"工作机制;建立了"一河一档""一河一策""一事一办""一单一销"工作闭环机制;建立了督战一张图、任务一根轴、考核一张网、决策一键式、统计一套表的信息平台,实现治水精准化。2018 年 8 月,苏州出台《关于组织开展社会力量参与河湖管护的工作方案》,全面组织发动社会力量参与河湖管护。根据该方案,苏州按照河长制实施方案,根据河湖特性结合地域、水域特点,组织发动社会公众和社会组织全方位治水。社会力量主要有三种形式:志愿者队伍,引导动员广大在校学生、退休老师、沿河居民等积极参与河湖管护,通过建立河湖保护志愿者队伍,形成全社会关心和参与河长制工作的良好氛围;社会团体,积极动员各企事业单位、非营利组织、民间机构等社会团体,参与河湖管护工作;民间河长,通过设立"巾帼河长""企业河长""乡贤河长"等形式的民间河长,发动广大群众共同参与河长制工作,为保护河湖贡献力量。

张家港市建立河长制主题公园

第四节　太湖流域环保法规标准建设历程

在法规标准上,环保优先、铁腕治污已成为立法准则。2007 年,总结 10 多年治太经验教训,江苏省修订了《江苏省太湖水污染防治条例》,出台了《江苏省太湖流域污水处理厂和重点工业行业污水排放限值》。2018 年又再次修订太湖流域地方法规和地方排放标准。

一、　地方环保法规建设情况

2007 年,在总结 10 多年治太经验教训的基础上,江苏省修订了《江苏省太湖水污染防治条例》,在全国率先提出了最严格的环保法规标准、最难跨的产业准入门槛和最昂贵的违法成本等要求,把产业结构调整、资源优化配置等理念以及行之有效的管理实践上升为法规条款,体现出鲜明的时代性、针对性和可操作性。

（一）　基本情况

1996 年,江苏省第八届人民代表大会常务委员会第二十一次会议审议通过了《江苏省太湖水污染防治条例》(以下简称《条例》),经 2007 年修订以及 2010 年、2012 年、2018 年三次修正。《条例》的施行对加强太湖流域水污染防治,保护和改善太湖水质,实现"两个确保",促进太湖流域环境保护与经济社会协调发展发挥了重要作用。

（二）编制及历次修订及修正特点

2007 年 9 月 27 日,江苏省第十届人民代表大会常务委员会第三十二次会议对《条例》进行了修订。修订的主要条目如下:

① 第二条　太湖流域包括太湖湖体,苏州市、无锡市、常州市和丹阳市的全部行政区域,以及句容市、高淳县、溧水县行政区域内对太湖水质有影响的河流、湖泊、水库、渠道等水体所在区域。

太湖流域实行分级保护,划分为三级保护区并明确禁止行为:太湖湖体、沿湖岸五公里区域、入湖河道上溯十公里以及沿岸两侧各一公里范围为一级保护区;主要入湖河道上溯十公里至五十公里以及沿岸两侧各一公里范围为二级保护区;其他地区为三级保护区。太湖流域一、二、三级保护区的具体范围,由省人民政府划定并公布。

② 第四条　太湖流域各级地方人民政府对本行政区域内的水环境质量负责。政府主要负责人对实现环境保护任期责任目标负主要责任,任期责任目标完成情况作为考核和评价主要负责人政绩的重要内容。

③ 第十八条　太湖流域实行地表水(环境)功能区水质达标责任制、行政区界上下游水体断面水质交接责任制,并纳入政府环境保护任期责任目标。交界断面水质未达到控制目标的,责任地区人民政府应当向受害地区人民政府作出补偿。补偿资金可以由省财政部门直接代扣。

④ 第六十条　违反本条例规定,直接或者间接向水体排放污染物超过国家和地方规定的水污染物排放标准,或者排放重点水污染物超过总量控制指标的,由环境保护部门责令停产整顿,处二十万元以上一百万元以下罚款。

本次修订体现了江苏省在太湖流域"实行最严格的环保标准,

采取最严厉的整治手段,建立最严密的监控体系"的决心和举措。

修订后的条例调整扩大了太湖流域的范围,在更大范围上加强水污染治理,减轻周边地区对太湖水质的影响,明确适用的行政区域,使防治措施更具针对性、操作性。明确对太湖流域实行分级保护,政府主要领导和部门主要负责人是本行政区域和本系统水污染防治的第一责任人,建立断面水质达标责任制,用行政手段、经济手段强化政府责任,促进政府加强水污染防治,不断改善水环境质量。

条例的规定普遍提高了对违法排污行为的处罚额度,第六十条规定的100万元的处罚上限,也成为当时国内对违法排污企业罚款的最高标准。

修订也起到了纲举目张的作用,进一步推进太湖流域相关法规标准的出台。有立法权的无锡、苏州也纷纷制定了本地法规,如无锡制定了《无锡市水环境保护条例》《无锡市河道管理条例》《无锡市排水管理条例》等法规。而《太湖地区城镇污水处理厂及重点工业行业主要污染物排放限值》《纺织染整工业水污染物排放标准》《化学工业水污染排放标准》等严于国标的地方标准也相继出台。

2010年9月29日,江苏省第十一届人民代表大会常务委员会第十七次会议对《江苏省太湖水污染防治条例》进行了第一次修正。修正的主要内容如下:

① 第五十七条　违反本条例规定,建设项目防治水污染的设施未经验收或者经验收不合格,擅自投入生产或者使用的,由环境保护主管部门责令停止生产或者使用,直至验收合格,并处五万元以上五十万元以下的罚款。

② 第五十八条　违反本条例规定,企业事业单位不正常使用防治水污染物设施,或者未经环境保护主管部门批准,拆除、闲置防治

水污染物设施的,由环境保护主管部门责令恢复正常使用或者限期重新安装使用,处应缴纳排污费数额一倍以上三倍以下的罚款。

③ 第六十条　违反本条例规定,直接或者间接向水体排放污染物超过国家和地方规定的水污染物排放标准,或者排放重点水污染物超过总量控制指标的,由环境保护主管部门按照权限责令限期治理,处应缴纳排污费数额二倍以上五倍以下的罚款。

④ 第六十一条　违反本条例规定,未按照国家和省有关规定设置排污口的,由环境保护主管部门责令限期拆除,处二万元以上十万元以下的罚款;逾期不拆除的,强制拆除,所需费用由违法者承担,处十万元以上五十万元以下的罚款;情节严重的,环境保护主管部门可以提请县级以上地方人民政府责令停产整顿。

本次修正进一步提高了环境违法的成本,强化企业治污主体责任,为太湖治理提供了强有力的法律保障。

2012 年 1 月 12 日,江苏省第十一届人民代表大会常务委员会第二十六次会议对《条例》进行了第二次修正。修正内容如下:

第六十九条　私设排污口向水体排放污染物的,由环境保护部门责令限期拆除,处二万元以上十万元以下的罚款;逾期不拆除的,强制拆除,所需费用由违法者承担,处十万元以上五十万元以下的罚款,环境保护部门可以提请县级以上地方人民政府责令停产整顿。

本次修订再一次提高了环境违法成本,进一步强化了企业治污主体责任。

2018 年 1 月 24 日,江苏省第十二届人民代表大会常务委员会第三十四次会议对《条例》进行了第三次修正。修正内容如下:

① 删去第三条第一款中的"先环评、后立项"。

② 将第五十三条改为第五十二条,将第二款修改为:饮用水水

源受到污染可能威胁供水安全的,环境保护主管部门应当责令有关企业事业单位和其他生产经营者采取停止排放水污染物等措施。

③增加了一条作为第四十六条:太湖流域二、三级保护区内,在工业集聚区新建、改建、扩建排放含磷、氮等污染物的战略性新兴产业项目和改建印染项目,以及排放含磷、氮等污染物的现有企业在不增加产能的前提下实施提升环保标准的技术改造项目,应当符合国家产业政策和水环境综合治理要求,在实现国家和省减排目标的基础上,实施区域磷、氮等重点水污染物年排放总量减量替代。其中,战略性新兴产业新建、扩建项目新增的磷、氮等重点水污染物排放总量应当从本区域通过产业置换、淘汰、关闭等方式获得的指标中取得,且按照不低于该项目新增年排放总量的 1.1 倍实施减量替代;战略性新兴产业改建项目应当实现项目磷、氮等重点水污染物年排放总量减少,印染改建项目应当按照不低于该项目磷、氮等重点水污染物年排放总量指标的二倍实行减量替代;提升环保标准的技术改造项目的磷、氮等重点水污染物年排放总量减少幅度应当不低于该项目原年排放总量的百分之二十。前述减少的磷、氮等重点水污染物年排放总量指标不得用于其他项目。具体减量替代办法由省人民政府根据经济社会发展水平和区域水环境质量改善情况制定。

前款规定中新建、改建、扩建以及技术改造项目的环境影响报告书,除由国务院环境保护主管部门负责审批的情形外,由省环境保护主管部门审批。其中,新建、扩建项目减量替代具体方案,应当在审批机关审查同意前实施完成,完成情况书面报送审批机关。

本条所指排放含磷、氮等污染物的战略性新兴产业具体类别,由省发展改革部门会同省经济和信息化、环境保护主管部门拟定并报省人民政府批准后公布。

太湖流域设区的市减量完成情况应当纳入省人民政府水环境质量考核体系。太湖流域县级以上地方人民政府应当将减量完成情况作为向本级人民代表大会常务委员会报告水污染防治工作的内容。

本次修正既体现了党的十九大报告新要求,也贯彻落实了《水污染防治法》的新精神。经过近十年的治理,太湖水质总体由中度富营养转为轻度富营养。进入新时代,太湖治理也步入了新阶段,用生态文明理念引领科学治太、系统治太。

新增的第四十六条充分体现了强化总量控制制度的要求。长期以来,总磷、总氮是造成太湖水体富营养化和蓝藻频发的主要因素之一,随着太湖流域人口刚性增长和经济社会的发展,总量削减的压力会更大。在当前排污总量仍大于太湖环境容量的情况下,要做到既减增量又减存量的总量控制是实现太湖水质根本好转的关键所在,而建立绿色生产、生活方式是根本出路。

常州市贯彻实施《江苏省太湖水污染防治条例》情况汇报会

二、 环境标准实施概况

从地表水环境质量、污染物排放、水环境质量监控等多个方面着力,江苏建构了最严格的环境标准,并与时俱进、不断完善。

(一) 执行严格的地表水环境质量标准

2003 年,江苏省政府出台了由江苏省水利厅和原环保厅共同制定的江苏省地表水(环境)功能区划,当时根据可持续性、前瞻性、突出重点、不低于现状等原则,把太湖流域的干流、一级支流、重要跨界河流全部纳入,二级支流、市内骨干河流、流经较大城镇的河流、鱼类洄游场地及城镇、工业、农业用水水源地基本纳入,水质目标普遍是就高不就低,70% 以上的目标从严定为Ⅲ类水。"十一五"太湖规划在依据水环境功能区划的基础上,又按照不低于"十五"水质现状的要求,提出了到 2010 年的水质目标。对太湖湖体目标尤其从紧,在当时各个湖区普遍劣Ⅴ类的情况下,江苏为了早日实现碧波美景的目标,提出到 2015 年要达到Ⅴ类水的要求。苏南 2015 年要率先实现现代化,太湖流域 70% 以上水体就要实现好于Ⅲ类水目标。国务院批准的《苏南现代化建设示范区规划》中更是要求Ⅲ类及以上水质河流占区域主要河流的比例超过 80%。

(二) 实施严格的污染物排放标准

2007 年无锡水危机事件后,江苏省出台《太湖地区城镇地区水处理厂及重点工业行业主要水污染物排放限值》(DB32/1072 -

2007），对太湖流域所有城镇污水处理厂及纺织染整工业、化学工业、造纸工业、钢铁工业、电镀工业、食品制造工业（味精工业和啤酒工业）六大工业行业提出更严格的排放标准。与当时对应的国家标准和其他地方标准相比，这是国内最严格的排放标准。其中对城镇污水处理厂化学需氧量排放标准限值设定在50—60毫克/升，执行的是《城镇污水处理厂污染物排放标准》中一级标准，而且还规定2008年1月1日之后建设的接纳污水中工业废水量小于80%的污水处理厂都将执行50毫克/升的标准，即一级标准中的A级标准。新标准中氨氮排放标准限值由原先的15毫克/升，提高到了5毫克/升；总磷排放标准限值由原先的1毫克/升，提高到了0.5毫克/升。

按照这个标准，太湖流域从2008年1月1日开始实施提标改造，涉及流域169座已建的城镇污水处理厂和几千家工业企业。太湖流域各地签订了限期除磷脱氮提标改造责任书。到2009年底，169座城镇污水处理厂基本完成了一级A的限期治理任务。与此同时，江苏太湖流域的农村生活污水处理设施也大批建设，出水标准也从严要求，基本达到一级A或B的污染物排放标准。到2013年底，太湖流域建设了4200多座农村生活污水处理设施，一级保护区规划保留村庄的污水处理设施覆盖率达90%。

2018年，原江苏省环境保护厅对《太湖地区城镇地区污水处理厂及重点工业行业主要水污染物排放限值》（DB32/1072-2007）进行了修订，《太湖地区城镇污水处理厂及重点工业行业主要水污染物排放限值》（DB32/1072-2018）于6月1日正式实施。

新标准增加丹徒区作为本标准控制范围，将太湖地区分为太湖流域一级、二级保护区和太湖地区其他区域，分别执行不同标准；取消了城镇污水处理厂按接纳污水中工业废水量占比进行的分类；修订了重点工业行业的定义和范围,变更了纺织工业、化学工业、造纸工业的分类,扩大了食品工业的范围;提高了太湖流域一级、二级保护区主要水污染物(化学需氧量、氨氮、总氮、总磷)的排放限值;提高了太湖地区其他区域内部分行业废水排放限值;更新了污染物监测方法标准。

第七章

江苏省太湖流域环境经济政策创新篇

为了使环境容量通过市场机制达到优化配置成为可能,江苏省注重构建环境资源价格体系,用经济手段推动企业治污减污,改善环境质量。特别是在太湖流域水环境综合治理过程中,通过加大环保经济政策出台力度,推行排污收费制度改革、建立生态补偿机制、推出环境信用评价等政策,既解决了环境建设与管理资金短缺问题,又通过经济杠杆有效提高企业主动治污的积极性。

第一节 治太专项资金政策创新实践

为了加大太湖治理力度,切实承担起地方政府改善环境质量的责任,江苏省从 2007 年起建立了省级太湖治理专项资金投入政策,每年省级财政安排 20 亿,专门用于太湖治理各项工程任务。

一、 资金安排由来

2007 年 9 月,为推动太湖流域水环境治理工作,省政府印发了《江苏省太湖水污染治理工作方案的通知》(苏政发〔2007〕97 号),其中提出省财政每年安排专项资金,支持太湖调水引流、疏浚清淤、污水处理、生态修复、监测预警等重点工程建设。按照要求,从 2007 年起,省财政每年安排 20 亿元,重点支持总体方案和实施方案中所列的 12 大类项目,以及省政府提出的年度重点工作。

二、 安排程序

2019 年前,资金安排程序基本如下:第一,由省发改委牵头,会同省财政、环保、太湖办等部门向省政府上报省级治太专项资金年度项目安排建议方案。方案经省政府批准后,由省发改委会同省有关部门下发申报通知,并牵头组织各市和省各有关部门进行项目申报。第二,由省发改委委托省工程咨询中心对各地和部门申报的材料进行初步审查。第三,经初步审查通过的项目由省发改委牵头,组织省有关部门集中会审,也可委托中介机构进行项目核查。第四,根据会审和核查结果,省发改委提出年度专项资金项目安排计划,报送省财政厅。第五,省财政厅视需要,进一步组织财政核查,然后核拨资金。2018 年,江苏省机构改革,省太湖办撤销,其职能整体划转至新成立的省生态环境厅。根据"规划、项目、资金、责任"四落实原则。2019 年 3 月,经省政府主要领导同意,省级治太专项资金落实的牵头单位由省发改委调整为省生态环境厅。

三、 总体安排情况

2007—2017 年省级治太专项资金共安排 11 期,省级专项引导资金安排了 220 多亿元,带动全社会投资超千亿。包括走马塘、新沟河、新孟河引排通道建设和太湖水环境监测预警、城镇污水厂除磷脱氮等重大项目均获得补助。按补助类别统计,前期,城镇污水处理和垃圾处置、农村环境及农业面源综合治理工程和生态修复项目补助金额相对较多。随着精准治污理念不断深入,省发改委专门印发投资指南,提高太湖治理的精准度,充分发挥治太专项资金的引导作用。

四、 相关配套制度建设

为保证省级专项治太资金能发挥出更好的引导示范作用,江苏省有关部门陆续建立了一系列配套制度,对资金申报、安排、使用和后续管理作了较为全面的规定。

(一) 规定了日常管理的办法

省财政厅和省发改委先后牵头会同有关部门制定出台了《江苏省太湖水污染治理专项资金使用管理办法(试行)》和《江苏省太湖水环境综合治理专项资金项目管理暂行办法》。围绕专项资金项目,两个办法分别规定了省有关部门和地方的管理职责、使用范围、责任主体、支持方式、申报要求、实施和监督管理、责任追究等内容。

（二）建立了全过程监管制度

项目申报等事先审查初步建立了三级负责制度。各地发改委负责初审,省有关部门负责实质性审查,省发改委牵头会同财政厅、原环保厅和太湖办负责形式审查。对项目建设和完工建立跟踪审计、绩效评估、督查等制度。每年年初,省太湖办牵头根据各部门在督查检查中发现的问题,向审计厅提出当年审计重点;省审计厅依据《江苏省审计条例》有关规定,对省级治太专项资金分配、使用、管理以及项目建设的绩效情况进行跟踪审计;省发改委、财政厅、太湖办根据各自职责,联合或分头对省级治太专项资金使用情况、项目建设等情况进行监督检查、绩效评估。

（三）提高了项目建设水平

自2010起,省行业主管部门陆续出台了各类治太工作任务和工程项目管理办法、建设规范、验收标准,包括江苏省太湖流域农业面源污染治理工程项目建设考评要点、江苏省太湖水环境综合治理专项资金农业面源污染治理类项目验收规范、太湖流域控制性种养水葫芦技术规范、工业点源项目验收管理细则、太湖生态清淤土方工程检测评估技术方案、关于规范太湖生态清淤工程竣工验收管理工作的通知、清淤项目和节水项目等验收管理办法、太湖流域池塘循环水养殖工程建设指导规范（试行）、《江苏省太湖流域湿地恢复项目建设导则》、《江苏省太湖流域水环境综合治理专项资金湿地建设项目验收细则》、《太湖流域湿地监测体系建设方案》。2012年,省发改委印发了《江苏省太湖水环境综合治理专项资金项目验收管理办法》，进一步明确了专项资金项目验收的范围、原则和程序。2014 年，为加强专项资金和项目管理，省政府办公厅印发了《江苏省太湖流域水环境综合治理省级专项资金使用和项目管理暂行办法》；经修改完善，省政府办公厅于 2017 年印发《江苏省太湖流域水环境综合治理省级专项资金和项目管理办法》。

第二节　排污权交易试点

排污权交易制度又称为可交易的许可证制度、环境使用权交易制度等。排污权交易的主要思想就是在法律许可范围内，使企业拥有一定的污染物排放权利，并容许这种权利在市场上自由买卖。只要超标准（总量）排污的企业所付代价大于治理费，就会激励企业治污，一旦排放量达到排放标准（总量）以下，企业就有了可以用来出售的排污权，而不能达标的企业就成为排污权的需求者。通过供求双方谈判达成排污权的合理价格，这样就形成了排污权交易市场。排污权交易制度可以弥补排污收费制度的缺陷，减少环保领域的外部不经济性。排污权交易实质是一个环境容量产权明晰的制度变迁过程。通过环境容量的产权明晰，改变了环境容量的公共物品特性，从一定程度上实现了环境容量的排他性消费，从而使环境容量通过市场机制达到优化配置成为可能。为了推进环境经济手段在江苏省的运用，2007 年 11 月，省政府向财政部、原国家环保总局提交了在江苏省太湖流域开展主要水污染物排放指标初始有偿使用和交易试点的申请，并很快获得批准。

一、 基本情况

2008 年 8 月 14 日,财政部、原环保部和江苏省人民政府在无锡市联合举行太湖流域主要水污染物排污权有偿使用和交易试点启动仪式,标志着国家试点工作正式落户江苏省太湖流域。围绕试点要求,江苏省初步构建了四大体系,取得了较明显成效。

(一) 制定法规政策,提供制度保障

2007 年修订的《江苏省太湖水污染防治条例》、2008 年出台的《关于加快转变经济发展方式的决定》,均明确规定在太湖流域实行排污权有偿分配和交易试点。随后相继出台了《江苏省太湖流域主要水污染物排放指标有偿使用收费管理办法(试行)》《江苏省太湖流域排放指标有偿使用收费标准》《江苏省太湖流域主要水污染物排污权有偿使用和交易试点方案细则》《江苏省太湖流域主要水污染物排污权交易管理暂行办法》《江苏省太湖流域主要水污染物排污权有偿使用和交易试点排放指标申购核定暂行办法》《江苏省太湖流域主要水污染物排污权有偿使用和交易试点单位排污量核定暂行办法》《关于加强太湖流域主要水污染物排污权有偿使用和交易试点单位排污许可证管理工作的通知》《江苏省排放水污染物许可证管理办法》《关于进一步加强污染减排工作的意见》等文件。这些文件规定了排污权有偿使用和交易的工作依据、工作原则、实施范围、征收管理、资金使用等方面内容,为各地试点工作提供了制度保障。2016 年,省委、省政府印发《“两减六治三提升”专项行动方案》,要求全面推开排污权有偿使用和交易。2017 年 8 月,省政府办公厅

出台了《江苏省排污权有偿使用和交易管理暂行办法》,明确了排污权定义、污染物种类、取得方式、与许可证的衔接、管理平台、排污权的储备与回购等重点内容,为全面开展排污权有偿使用和交易提供政策依据。

经过十年的试点探索,江苏省太湖流域和大部分设区市都陆续开展了排污权有偿使用和交易工作,在排污权制度体系建设、排污权机构建设、排污权有偿使用和交易、排污权储备等方面取得一定的成效,逐步形成"多排污多花钱,少排污能赚钱"的机制,鼓励企业通过技术进步治理污染,实现成本与收益的平衡,排污权管理已成为江苏省打赢污染防治攻坚战的一把"利器"。

（二）成立专门机构，提供组织保障

成立了领导小组及办公室,由原省环境保护厅、省财政厅和省物价局和试点地区环保局有关负责人组成,负责领导协调;成立了排污权交易管理中心,负责组织实施;成立了技术组,由中国环境规划院、南京大学、原省环境保护厅、省财政厅和省物价局有关专家加入,负责指导咨询。太湖流域各市、县(市)也按要求成立了领导小组及办公室,各级环保局专门抽调有关人员从事排污指标申购、核定、实际排污量核定以及组织排污交易等工作。2009年起,省、市陆续成立了一些排污权管理机构。8月,原江苏省环保厅排污权交易管理中心成立,主要职责是负责全省排污权有偿使用和交易管理工作;组织实施全省排污权有偿使用和交易工作的有关政策、制度和管理办法;组织实施江苏省太湖流域主要水污染物排放指标有偿使用和交易试点工作方案;制定全省排污权有偿使用和交易年度工作计划,编制年度工作报告;建立和维护排污权交易信息发布网络平台,负责交易平台的正常运转等。2009年4月,江阴市成立了主要污染物排污权储备交易中心,开始在全市范围内全面征收化学需氧量有偿使用费,实行化学需氧量指标交易,成为江苏省首家有偿排污费正式运作的城市。11月,常州市成立了排污权交易中心,该中心主要职责是规范各类排污权交易行为,包括发布和传递环境领域权益交易信息,为环境领域权益交易双方提供合法交易场所,制订排污权交易程序,提供中介服务、监督交易行为等。2011年,苏州成立了环境能源交易中心,主要从事碳交易、排污权交易、废弃物交易和节能减排技术产品交易等。江阴市尝试开展排污权租赁工作,在区域排污指标总量控制前提下,通过主管部门,企业间可以进行年度排污指标租赁,解决了超负荷生产企业排污指标不足和低负荷生产企业排污指标富余浪费的问题。2015年12月24日,南京全面执行排污权交易,主要对二氧化碳、氮氧化物、氨氮和化学需氧量4项排污权进行交易。截至2018年8月,南京市已经开展了305家企业(项目)的排污权交易工作,包括13次排污权公开竞价交易,总成交额超过1亿元。[1] 2015年,《关于省环境工程咨询中心更名并增挂省排污权登记与交易管理中心牌子的请示》获得省编办批复,江苏省生态环境评估中心增挂江苏省排污权登记与交易管理中心牌子,作为原江苏省环保厅技术支撑单位承担排污权有偿使用和交易制度研究,建设、管理、维护全省排污权交易网络及交易平台等工作职责。同时,南京、无锡、常州等地纷纷挂牌成立排污权管理中心,负责市级排污权有偿使用和交易日常管理工作。

排污权有偿使用和交易试点工作为江苏省污染物总量减排起到了积极的推进作用。2014年,发文明确试点范围从太湖流域扩大为全省,

---

[1] 参见《2019年我省全面实行排污权交易》,南京市政府网,http://www.nanjing.gov.cn/njxx/201808/t20180822_368726.html。

试点污染物从化学需氧量扩大为国家作为约束性指标进行总量控制的化学需氧量、氨氮、二氧化硫和氮氧化物 4 项污染物,同时增加对太湖流域水环境质量有突出影响的总磷,即共 5 项污染物开展试点工作。

(三) 设置指标和价格体系，提供市场保障

2008 年,在开展大量调查研究的基础上,省物价局和财政厅联合出台了太湖流域排放指标有偿使用收费标准,规定直接向环境排放水污染物的 6 个主要行业化学需氧量排放有偿使用收费标准为 4500 元/年·吨,污水处理厂化学需氧量排放有偿使用收费标准为 2600 元/年·吨。以 2007 年环境统计数据为基础,将太湖流域化学需氧量排放量大于 10 吨/年的工业企业和所有工业污水处理厂,以及新、改、扩建项目需要新增化学需氧量指标的企业列为试点单位。太湖流域排污指标由最初的单一化学需氧量扩展到氨氮和总磷;由最初的纺织印染、化学工业、造纸、食品、电镀、电子等 6 个主要污染行业、污水处理厂和新改扩建项目扩展到农业重点源,无锡市还增加了餐饮服务业等行业,并将原来省规定的化学需氧量年排放量 10 吨以上的参加企业扩大到年排放 1 吨的企业;建立了排放指标有偿使用的初始价格,6 个主要行业化学需氧量为 4500 元/年·吨、氨氮为 11000 元/年·吨、总磷为 42000 元/年·吨,污水处理厂化学需氧量为 2600 元/年·吨,污水处理行业及农业重点污染源排污单位氨氮为 6000 元/年·吨、总磷为 23000 元/年·吨。各市、县(市)所收费用的 90% 缴入地方财政,10% 缴入省财政,作为环境保护专项资金管理。

(四) 建设核定监管系统，提供技术保障

同步建成由排污指标申购、排污量核定以及排污权交易系统构

成的江苏省太湖流域排污权有偿使用和交易平台,实现网上申购、按期核定、分级审核、统一交易、账户设立。对纳入排污权交易试点范围内的排污单位全部安装自动监控设备,并与环保部门联网,实现数据实时传输和监控。江苏省还努力尝试把排污许可证和排污权交易有机结合,明确在试点企业范围内,排污许可证排污指标核定量与排污权指标有偿使用和交易量一致。常州、江阴等地还开发了许可证信息管理系统,将许可证发放和管理纳入管理信息化综合平台中,加强衔接。太湖流域还在努力推进排污权二级市场交易。

二、 典型案例:苏州排污权交易试点[①]

苏州市排污权有偿使用开始于 2008 年,试点两年工作已结束,以市本级为例,2008 年全面启动主要水污染物排污权有偿使用试点工作,确定试点企业 77 家,明确了排污指标申购核定量,2009 年、2010 年化学需氧量有偿使用排放指标分别为 3266 吨和 3508 吨。按照收费标准,2009、2010 年有偿使用费金额分别为 537 万元和 570 余万元。所有企业 2009、2010 年有偿使用费用全部到账,合计入账金额为 1107 万元。

2011 年,苏州环境能源交易中心项目正式在苏州中新生态科技城签约落户,并被原江苏省环保厅授予全省第一个排污权交易平台资质。据统计,苏州参与省首次大气排污权交易的交易额,占全省二氧化硫和氮氧化物交易额分别达 81.35%、42.72%。2014 年,苏州

---

① 参见《苏州:用价格杠杆服务生态文明建设》,苏州新闻网,http://special.subaonet.com/2016/1028/1857770.shtml。

成功完成吴江蓝泰科技有限公司、吴中区排污权筹备中心等 4 宗交易,实现了苏州排污权交易零的突破。2015 年,苏州共成功完成市批项目 18 宗新增大气排污总量的网上交易。

2016 年,苏州排污权交易试点推进工作方案起草,推动交易中心开发、运行排污权网上交易平台。2016 年上半年完成 31 宗排污权交易,共交易二氧化硫 28.2 吨、氮氧化物 159.9 吨,交易金额合计 84.3 万元。

在推进全市排污权交易工作同时,苏州市积极引导支持下辖市(县)、区在新建项目新增排污指标获取上,开展通过排污权交易取得试点,2016 年,吴江区在审批巨联科技、君盟生物等三家新建企业时,新建项目的新增

苏州排污权交易现场

大气排污总量指标,尝试通过交易获得,为全市其他地区开展同类型排污权交易试点积累了经验。2016 年 4 月 1 日,苏州市物价局批复同意江苏(苏州)环境资源交易中心有限公司按标准收取交易服务费,有效期至 2018 年 4 月 1 日,补充完善了交易平台的一体化建设。

自 2013 年,原江苏省环境保护厅印发关于电力钢铁行业二氧化硫排污权有偿使用和交易管理办法以来,苏州市积极响应,在全市大气主要污染物的排污权探索开展交易,一是建立规范的合规交易平台,二是对市批建设项目新增和跨区平衡排污指标明确要求必须通过交易取得,三是从排污权交易突进减排着手,要求参与交易的指标必须是减排核定的减排量,五年来,共计交易 137 宗,其中 2018 年交易 26 宗,共交易二氧化硫 23.3 吨、氮氧

化物170.5吨,交易金额合计432.68万元。

第三节　生态补偿机制实践

　　生态补偿机制是以保护生态环境,促进人与自然和谐发展为目的,根据生态系统服务价值、生态保护成本、发展机会成本,运用政府和市场手段,调节生态保护利益相关者之间利益关系的公共制度。生态补偿机制的理论基础主要来源于公共产品理论、外部性理论、产权理论、生态资本理论、可持续发展理论等。这些理论从不同的角度论述了对环境资源利用进行生态补偿的合理性。其基本思路是通过恰当的制度设计使环境资源的外部性成本内部化,由环境资源的开发利用者来承担由此带来的社会成本和生态环境成本,使其在经济学上具有正当性。围绕生态补偿机制,江苏省开展了一些实践。

一、　生态补偿工作基本情况

　　目前,江苏省涉及流域水污染防治的生态补偿工作主要有这六类:一是以水质改善为主要目标的流域层面环境资源区域补偿;二是以减少污染物为主要目标的农业范围生态补偿;三是以关停重污染行业为主要对象的补偿;四是以生态保护为主要目标的苏州市生态补偿;五是以生态红线保护为重点的生态补偿;六是与污染物排放总量挂钩的财政政策。

（一）流域层面环境资源区域补偿

2007 年底,江苏省政府发布《江苏省人民政府办公厅关于印发江苏省环境资源区域补偿办法(试行)和江苏省太湖流域环境资源区域补偿试点方案的通知》,率先开始实行跨市流域水环境横向补偿制度,是全国最早开展此项工作的省份之一。2008 年起,在太湖流域正式拉开了环境资源区域补偿试点工作序幕,以"谁污染谁付费、谁破坏谁补偿"为原则,建立环境资源污染损害补偿机制。试点选取部分主要入湖河流及其上游支流开展,选取了 9 个跨行政区交接断面和入湖断面,并设定对应的水质控制目标。上游设区的市出境水质超过跨行政区交接断面控制目标的,由上游设区的市政府对下游设区的市予以资金补偿;上游设区的市入湖河流水质超过入湖断面控制目标的,按规定向省级财政缴纳补偿资金。环境资源区域补偿因子及补偿标准为:化学需氧量每吨 1.5 万元,氨氮每吨 10 万元,总磷每吨 10 万元,补偿资金为各单因子补偿资金之和。经过试点,摸索出了一套比较规范合理的补偿资金核算、解缴、转移等技术和管理办法,有效提高了地方政府责任意识,推进了断面水质改善。2009 年,省环保厅、财政厅和水利厅三部门出台了《关于印发江苏省太湖流域环境资源区域补偿方案的通知》,在太湖流域 5 个省辖市 31 个断面正式推行环境资源区域补偿制度。2007 年至 2010 年,在太湖流域 5 市试点水污染物通量区域补偿,设置 30 个补偿断面,依据水量、水质测算污染物通量补偿资金。2011 年,省财政厅、环保厅出台了《太湖流域环境资源区域补偿资金使用管理办法(试行)》,进一步加强太湖流域环境资源补偿资金的使用管理,提高资金使用效益。2009 年、2010 年度累计收缴补偿资金约 2.6 亿元。各市也相应制定了辖区内跨县(区)乃至跨镇界的区域补偿方案,进一步落实各级政府对本辖区环境质量负责的法律责任,促进辖区内河流水环境质量的提高。比如武进区试行了乡镇交界断面补偿机制,以各镇(开发区、街道)交界断面水质监测数据为依据,按省内补偿标准核算,各镇统一向区财政缴纳补偿款,专项用于水环境整治。

2014 年起,江苏在全国率先建立覆盖全省的"双向补偿"制度,选取高锰酸盐指数、氨氮和总磷为水质考核因子,实现"谁超标、谁补偿,谁达标、谁受益"。2016 年底,修订印发《江苏省水环境区域补偿工作方案》,自 2017 年 1 月 1 日起将全省的补偿断面从 66 个增加到 112 个,将补偿标准提高到以前的 1.25—2 倍,同时将太湖流域苏南 5 市总磷补偿标准调高至其他地区的 2 倍。2018 年,省生态环境厅与省财政厅联合印发《关于推进跨区域生态补偿工作的通知》,要求各市签订跨市补偿协议,逐步建立本市域跨县生态补偿工作机制。截至 2018 年,全省累计发生补偿资金超过 21 亿元,补偿制度落地实施,拓宽了治污资金投入渠道,有效调动了属地政府治污保水的主动性和积极性,补偿断面水质改善明显。

(二) 农业生态补偿

早在 2007 年,江苏就开展了太湖、阳澄湖、滆湖、长荡湖等太湖流域的退耕、退养、退牧,还湖、还林、还湿地等工作。其中在环太湖一级保护区实施的退耕还林工作中,政府与退耕农民签订补偿标准为 6000—9000 元/公顷的土地流转合同,2009 年省级治太专项资金一次性专门投入 2 亿元用于环湖生态防护林建设。江苏省对省级以上重点公益林全部实行生态效益补偿,补偿标准也在不断提高,已从最初的每亩 8 元提高到每亩 20 元。以上湖泊周边省市县三级财政分别对渔民退出的养殖进行补偿,仅省级治太资金就安排了 8 亿多资金;对环湖建设湿地,省级治太专项资金也给予占投资额30%左右的补偿。到2012年底,太湖共撤除围网养殖38万亩,保护和恢复湿地面积9.21万亩,建设生态公益林41万亩。

除了"三退三还"工作,江苏太湖流域围绕农业生态补偿还探索了一些做法:一是开展有机肥补贴。为了减少化肥使用,自2006年起江苏省在试点地区开展有机肥补贴试验示范项目。将有机肥生产企业列为主要财政补贴对象,采用政府公开招标采购,经过财政补贴后的商品有机肥实行最高限价,不得超过520元/吨,省级和地方财政补贴200元/吨,其中省财政补贴150元/吨、市县级财政补贴50元/吨,农户购买有机肥只需320元/吨。自2011年起,有机无机复混肥料也采取政府公开招标采购的方式,省级财政补贴400元/吨。仅2011年,省级财政公开招标采购有机肥总额2亿多元,其中财政补贴6500多万元,所涉及的商品有机肥和有机无机复混肥料的补贴规模分别为35.4万吨和3万吨,2013年有机肥补贴规模已达40万吨,每年财政补贴超过8000万元。此外,江苏省持续在太湖流域5市对绿肥种植实行"以奖代补"政策,补贴规模1万公顷,每667平方米补贴标准为60元。二是探索畜禽养殖粪污综合治理补偿模式。当前农业领域畜禽养殖污染比较突出,其污染又具备特殊性:首先,它不同于工业污染,不能简单地作为点源治理来对待。其次,农业废弃物是放错了地方的资源,能变废为宝。最后,农业作为基本生活保障产业需要保护,农业生产者作为弱势群体需要引导其改变生产方式。基于以上认识,太湖流域畜禽养殖污染防治更多应走种养结合、资源化利用的循环经济模式,更需要政府支持引导。对于中小型养殖场,政府鼓励推广生态发酵床,省级资金每平方米补助100—200元。对于大型养猪场,推广建设配套的畜禽养殖处理中心,同时收集处置周围分散养殖户的废弃物,每个处理中心省级资金补助100—200万元不等。常州市武进区先行一步,落实城乡统筹的理念,按照城镇垃圾收集处理的思路,建设畜禽粪污收集服务体系。武进区政府投资1000多万,其中省级补助100多万,建设了礼嘉镇畜禽粪污综合治理中心。中心周边有分散中小养殖专业户70户,存栏1.5万头生猪,一年的粪污量高达3万吨,礼嘉镇"万顷良田"共有耕地4800亩,年产秸秆4000多吨。中心把收集的粪污和秸秆发酵处理,所产生的沼气用于发电和热水生产,实现能源化利用,沼液利用排灌设施还田,沼渣转化为农业生产所需要的优质有机肥料,形成养殖—三沼—种植"三位一体"良性循环模式。为了保障畜禽粪污收集服务体系运行正常,武进区通过公开招标优选委托专业公司运营,并将每年100万元运行费用纳入地方财政预算。到2013年底,江苏太湖流域已累计取缔、关停和迁移畜禽养殖场1800多处,治理大中型规模畜禽养殖场700多处,建设畜禽粪便集中处理中心40个,建成发酵床圈舍50万平方米,新建生态循环农业规模连片示范工程200多个。丹阳市2013年在开展畜禽养殖污染治理专项行动中,市财政也拿出了4000多万元补助资金,用于关闭和整治。宜兴市2014年也启动了畜禽养殖专项整治行动,建立奖补资金,主要用于母猪处置和圈舍拆除等项工作。

(三) 关停企业补偿

从2007年开始,江苏太湖流域集中力量开展了化工等重污染行业的关停整治行动,已开展了第三轮化工行业的专项整治,关停了4200多家企业,流域地方政府和企业均为此投入巨大。各地对列入政府关停并转计划并积极配合实施关闭、搬迁、转产的化工企业均采取了一系列补偿,基本包括土地补偿、建筑物和构筑物补偿、生产设备补偿、停产停业损失补偿以及税费返退等。不少地方在补偿基础上,还设置专项奖励资金,奖励在整治期限内,主动实施或积极配合关闭或搬迁的化工企业。例如镇江市在第三轮化工整治工作中,财政预算内安排 500 万元专项资金,支持化工产业整治升级。补偿和奖励包括五项内容:一是土地补偿。按照企业《国有土地使用证》载明的土地用途评估价格进行补偿,出让土地按照剩余年限评估价格进行补偿。对租赁土地经营的企业,全额补偿关闭前 3 年实际产生的土地租赁费用(按票据结算)。二是建筑物、构筑物补偿。企业的建筑物、房屋、附着物按关闭、搬迁时评估净值予以回购。三是生产设备补偿。按照生产设备评估净值的 40% 给予补贴。四是停产停业损失补偿。对关闭、搬迁按上述二、三项评估净值的 3% 给予停产停业损失补偿。转产企业按设备评估净值的 3% 给予停产停业损失补偿。五是专项奖励。对 2012 年底、2013 年底、2014 年底前完成关闭、搬迁的企业,分别给予不低于 15 万元、12 万元、10 万元的一次性奖励。奖补资金承担方式分为两种,关闭和搬迁企业的土地符合规划可作为经营性用地的由国土收储部门统一现金收储,涉及土地、建筑物、生产设备、停产停业损失方面补偿支出,均由企业关停、搬迁后土地收储部门收储土地后给予的土地补偿中统筹支付,其他补偿、奖励资金由市、区两级财政按照现行财政体制共同承担。不符合上述条件的由企业所在地政府实施回购,所有补偿、奖励资金由市、区两级财政按照现行财政体制共同承担。对化工整治工作中关停企业的补偿,除了地方政府给予支持外,省级财政也给予了一定支持。2009年起,经省政府同意,省级治太 20 亿专项资金每年切出 3000 万元,用于化工企业的关停补偿,根据关停企业所产生的环境绩效计算补偿金额,上限不超过 100 万元。

除了对化工行业关停实施补偿外,围绕印染行业升级改造,各地也自我探索了一些行之有效的办法。吴江市政府针对企业缺乏自我淘汰落后产能的内生动力,积极运用政府有形之手,2009 年出台严于国家和省市有关要求的《关于加快淘汰印染企业落后设备的实施方法》,明确规定到 2012 年,要淘汰全市现有 72 家印染企业中使用年限超过 8 年的高能耗、高水耗的落后国产生产设备 1400 台(套),占所有印染设备的 20%,倒逼企业加快淘汰步伐。同步配套了经济补偿政策:一是设立引进先进进口设备专项基金,对完成年度淘汰任务的企业,当年实现废物达标排放和上级下达的污染物减排指标,并且其引进设备符合市政府鼓励发展的重点先进设备目录的,市财政按引进设备总额的一定比例予以奖励。二是给予淘汰设备专项补助,对完成淘汰任务的企业给予所淘汰设备出售价格的 50% 的经济补助,如淘汰高温高压溢流染色机(四管),每台最高可获得 4.5 万元的补助;淘汰羊毛衫染色机,每台也可获得 2000 元的定额补助。三是全市设立了 2600 万元的节能减排专项资金,引导和扶持企业深入开展结构节能、管理节能、技术节能。仅 2010 年吴江市就淘汰了 400 多台套设备、3 亿米落后产能,远远超出苏州市下达的 292 台套的淘汰任务。

(四) 积极推进以生态红线保护为重点的生态补偿

自 2012 年开始,江苏省全面启动生态红线划定工作,提出了生态红线区域保护的指导思想、基本原则、总体目标,明确了区域划分和分级分类管控措施。2013 年 8 月,江苏省人民政府正式颁布了《江苏省生态红线区域保护规划》,全省共划定 15 类生态红线区域,分别为自然保护区、风景名胜区、森林公园、饮用水水源保护区等,总面积24104平方公里,占土地面积的22%以上,其中涉及太湖流域的红线区域达7000多平方公里,占27.3%。为了用经济手段推动生态红线区域保护,2013年12月,江苏省人民政府转发了省财政厅、原省环保厅制定的《江苏省生态补偿转移支付暂行办法》,在现有省级各项环境保护和生态建设专项资金基础上,探索建立生态补偿机制,对不同区域、不同级别、不同类型的生态红线区域,采取不同标准进行补助。以市、县(市)为单位,将所列15类生态红线区域列入转移支付测算范围。省级财政每年根据年度财力情况安排一定额度的生态补偿转移支付资金。生态补偿转移支付为一般性转移支付,分为补助和奖励两部分。补助部分为生态补偿转移支付的主体部分,省财政厅根据各市、县(市)列入转移支付测算范围的生态红线区域的级别、类型、面积以及地区财政保障能力等因素,综合计算各地标准生态红线区域面积,并据此计算各地生态补偿转移支付补助资金。奖励部分为生态补偿转移支付的激励性部分,依据2014年3月江苏省政府办公厅转发的《江苏省生态红线区域保护监督管理考核暂行办法》,由省财政厅、原省环保厅每年会同省有关部门,对上一年度各市、县(市)人民政府的生态红线区域保护任务完成情况进行综合考核,依据考核结果,分配奖励资金。如发生重大污染事件,导致本地区生态环境受到严重影响或考核不合格的,取消该地区年度考核奖励资格。省级生态补偿转移支付资金全部用于生态红线区域内的环境保护、生态修复和生态补偿。2013年,省财政共安排10亿元补助资金,2014年,省政府组织首次考核,将生态补偿资金从10亿元提高到15亿元。2015年,对省级生态红线监督管理情况实施严格考核,并与生态补偿资金分配挂钩,拨付年度省级生态补偿资金15

亿元。

为落实好省级生态补偿转移支付资金,让每一分钱都花在刀刃上,各地也在自我探索一些行之有效的方法。常州市武进区研究制定《武进区生态红线区域保护监督管理考核办法》(武政办发〔2015〕33号)、《武进区生态补偿转移支付资金管理办法》(武政办发〔2014〕27号),加强对生态红线区的保护,完成生态红线资金转移支付等相关工作,支持太湖红线区生态资源调查工作、支持武进区生物多样性摸底调查工作、支持生态红线区域年度保护工作方案和生物多样性保护工作方案编制工作。2013年—2017年,武进区累计使用省级生态补偿转移支付资金6876万元,用于化工企业关停、滆湖围网拆除、滆湖应用水源地整治、污水管网、化工整治、生态湿地整治等项目。

(六) 与污染物排放总量挂钩的财政政策

与污染物排放总量挂钩这一项财政政策,主要是通过经济政策的改革,相应地提高排污的成本,通过价格机制来倒逼企业绿色转型。一个城市的污染物排放总量越多,地方财政上缴的钱也越多。[①]2016年12月6日,江苏省政府印发《关于实施与污染物排放总量挂钩财政政策》(苏政发〔2016〕158号)明确,2016年,将各市、县(市、区)排放的化学需氧量、氨氮、二氧化硫、氮氧化物等四项污染物总量作为考核挂钩标的。同时,将太湖流域各市、县(市、区)总磷、总氮排放量纳入考核挂钩标的。其中苏南地区2016—2017年按每吨(总磷按每百公斤)1500元收取污染排放统筹资金,高于苏中、苏北地区

---

① 参见《环境经济政策 撬动绿色发展》,江苏文明网,http://wm. jschina. com. cn/9657/201705/t20170525_4139772. shtml。

1200元、1000元的收取标准。

省统筹资金根据污染物减排考核结果,对完成年度减排任务的市、县(市、区),按收取该地区资金总额的40%返还,对未完成年度减排任务的市、县(市、区),适当降低返还比例,减排任务中有一项未完成的,返还比例降低5个百分点,以此类推。对 $PM_{2.5}$、AQI 和考核断面达标率等3项主要环境质量指标达到省定任务的市、县(市、区),分别按收取该市、县(市、区)资金总额的10%、10%和20%进行奖励。返还和奖励资金由各市、县(市、区)全部用于环境治理与保护。其余资金由省级统筹用于支持全省开展"两减六治三提升"环保专项行动,以及跨流域、跨区域重大环境治理与生态文明建设。2017年,全省筹集污染物排放统筹资金39亿元。

2019年1月,江苏省政府印发《关于调整与污染物排放总量挂钩财政政策的通知》,从2018年度开始,将7项污染物排放总量考核挂钩标的统筹标准分别提高500元,即苏南、苏中、苏北分别按每吨(总磷按每百公斤)2000元、1700元、1500元收取污染排放统筹资金。

二、 典型案例:苏州市生态补偿

2010年7月,苏州市委、市政府推出了《关于建立生态补偿机制的意见(试行)》,在全市市域范围5个方面开展生态补偿,一是建立耕地保护专项资金,按不低于400元/亩的标准予以补偿,加强基本农田保护;二是对县级以上集中式用水水源地保护区范围内的村,按每个村100万元予以补偿,加强水源地保护;三是对太湖、阳澄湖及各市、区确定的其他重点湖泊的水面所在的村,按每个村 50 万元予以补偿,加强重要生态湿地的保护;四是对被列为县级以上生态公益林的,按 100 元/亩予以补偿,加强生态公益林保护;五是对水源地、重要生态湿地、生态公益林所在地的农民,凡农民人均纯收入低于当地平均水平的,给予补偿,标准由各市、区确定。各区生态补偿资金由市、区两级财政共同承担,其中,水稻主产区,水源地及太湖、阳澄湖水面所在的村,市级以上生态公益林的生态补偿资金,由市、区两级财政各承担 50%;其他生态补偿资金由各区承担。各县级市生态补偿资金由各县级市承担,市级财政对各县级市生态补偿工作进行考核并适当奖励。同时还明确了生态补偿资金的拨付、使用与管理等相关规定及优化乡镇财政体制、设立生态补偿专项资金、完善财政投入、健全生态环境的保护治理等相关保障机制。生态补偿工作由财政局牵头推动,由分管财政的副市长统筹,农委、环保、水利、国土、规划等部门协同参与,从而确保了政策真正落地。为了规范资金的拨付、使用与管理,避免补偿资金不到位、被挪用的现象发生,苏州市还相继制定了《生态补偿专项资金管理暂行办法》《关于规范村级集体生态补偿专项资金会计核算方法的通知》等操作细则。2012 年共投入生态补偿资金 15.6 亿元,其中耕地保护专项资金 10 亿元,财政转移生态补偿资金 5.6 亿元。2013 年,苏州又出台了《关于调整完善生态补偿政策的意见》,调整水稻田生态补偿政策,分档水源地村、生态湿地村的生态补偿标准,提高生态公益林生态补偿标准,进一步优化生态补偿政策,完善生态补偿机制,增强生态保护重点地区镇村保护生态环境的能力。2014 年在全国率先出台《苏州市生态补偿条例》,填补了国内生态补偿立法的空白,解决了一些村开展生态环境保护的部分资金来源,提高了镇村环境基础设施能力,加强了水源地保护,发展了公益事业,增加了农民收益。

从 2010 年建立生态补偿机制起,苏州市生态补偿政策分别在 2013 年、2016 年进行了两轮调整。2013 年 3 月,苏州市政府对生态补偿政策进行了优化调整,采取分类、分档的办法,细化、提高水源地村、生态湿地村生态补偿标准。对生态湿地村从原来的每村 50 万元,调整为每村 60 万元、80 万元、100 万元 3 个档次进行补偿;对水源地村从原来的每村 100 万元,调整为每村 100 万元、120 万元、140 万元 3 个档次进行补偿。对县级以上生态公益林补偿标准从 100 元/亩提高到 150 元/亩。[1] 2016 年,苏州市正式印发《关于调整生态补偿政策的意见的通知》,对生态补偿进行第二次提档升级。政策调整后,市级财政每年生态投入突破 1 亿元,同比增幅 22%。调整政策包括:一是扩展了重要湿地补偿范围,将澄湖湿地沿岸 18 个行政村也纳入补偿。至此,苏州市面积超 3000 公顷且满足重要湿地补偿条件的太湖、阳澄湖和澄湖湿地均已纳入了补偿。二是对四面环水或湖岸线长度超过 1 万米以上的生态湿地村、水源地村,鉴于地理位置特殊、日常管护责任较大,按相应类别最高档次实行补偿。三是分类调整生态补偿标准。稳健提高面广量大的水稻田的补偿标准,2016 年起,在原有基础上增加 20 元/亩,提高到 420 元/亩。水源地村和湿地村的标准仍分三档执行,每档分别提高 20 万元/村和 10 万元/村。其中,以行政村为单位,湖岸线长度在 3500 米以上,区域土地面积在 1 万亩以上,村常住人口在 4000 人以上,同时达到三项标准的,水源地村按 160 万元/村、生态湿地村按 110 万元/村予以生态补偿;

① 参见《生态补偿金要全部用于补偿生态——〈苏州市生态补偿条例〉》解读,苏州市人大常委会网站,http://www.rd.suzhou.gov.cn/szrd/InfoDetail/?InfoID=c8ee1b58-eb9a-4c21-a50a-1fa3d9dafcfd&CategoryNum=008。

达到一项以上标准的,水源地村按 140 万元/村、生态湿地村按 90 万元/村予以生态补偿;三项标准均未达到的,水源地村按 120 万元/村、生态湿地村按 70 万元/村予以生态补偿。县级以上生态公益林是生态补偿政策调整重点,将通过多轮调整提高补偿标准,减轻基层管护压力,保护基层对公益林建设保护的积极性。本次在原有基础上增加 50 元/亩,补偿标准提升为 200 元/亩。风景名胜区的补偿标准仍按 150 元/亩执行。截至 2017 年年底,苏州市累计投入生态补偿资金 77 亿元。每年有 103.88 万亩水稻田、29.24 万亩生态公益林、165 个湿地村、64 个水源地村、8.97 万亩风景名胜区得到了补偿。补偿资金主要用于改善相关镇、村生态环境,提升村级经济发展水平和补贴农户。①

苏州吴中区在太湖边已建成延绵数十公里的湿地风光带

---

① 参见《加大力度推进生态补偿工作 | 市人大常委会检查〈苏州市生态补偿条例〉实施情况》,苏州市人大常委会网站,http://www.rd.suzhou.gov.cn/szrd/InfoDetail/? InfoID = 80de3c0f-2b98-4890-967d-f6f80baf5571&CategoryNum = 002。

实践证明,苏州通过生态保护补偿不仅有效地建立了生态保护者恪尽职守、生态受益者积极参与的激励机制,而且有力地带动了全社会生态环境投入的不断增长。一是全社会生态保护意识明显增强。生态保护补偿机制的创建,将生态保护的责任与适当经济补偿结合起来,充分体现了责、权、利相统一的原则。特别是环太湖、阳澄湖的镇、村干部和群众都感到,有了生态补偿资金支持,身边的环境变好了,基础设施投入增加了,农民的收入也提高了,最明显的是大家的生态保护意识、责任意识大大增强了。二是扭转了水稻种植面积快速下滑的趋势。《苏州市生态补偿条例》的颁布实施和生态保护补偿政策的贯彻落实,有效保证了水稻种植,扭转了水稻种植面积快速下滑的趋势。据苏州市农业部门统计,2001 年至 2010 年的十年间,全市年均减少水稻种植面积 13.6 万亩,年均减幅 6.5%。自2010 年实施生态保护补偿政策以后,有效遏制了多年来持续减少的趋势。三是保护力度不断提升,生态环境持续改善。实施生态补偿前,有些村曾经因为环保上的要求,村办企业大多被关停搬迁,变成了村级经济薄弱村,根本没有资金来考虑生态环境保护。实施生态保护补偿后,村里有了启动资金,再加上其他支农资金的支持,先后开展了河道疏浚、污水处理、村庄绿化、田园整治、乱堆乱放整理、垃圾清理等环境建设,镇、村环境面貌焕然一新。四是基层组织服务能力得到改善。生态保护补偿的实施有效增强了农村基层组织的财力,使得农村基层组织带领村民致富的一些策略和行动有了财力支持,激发了基层管理人员的工作积极性,增加了村民对村基层组织的信任。2013 年政策调整后,沿太湖、阳澄湖 135 个水源地村、生态湿地村每年接受生态保护补偿金 1.34 亿元,平均每个村增加可支配收入 99 万元。部分薄弱村不仅一举摘掉了"穷帽子",而且在保护生态环境、发展社会公益事业、提供基本公共服务等方面做了很多工作。五是农民收入和补贴进一步增加。补偿政策实施后,将在生态保护和生态修复等工作开展过程中形成的工作岗位,如公益林管护、环境整治、村庄河道保洁等,主要提供给低收入农民,通过解决就业来增加他们的收入。同时,对因病因残丧失劳动能力的农民给予适当补贴,还通过对全体农户参股的土地、社区等股份合作社进行分红,使农户获得收益。生态保护补偿政策不但改善了各生态功能区的环境,更减少和消除了生态保护地区农户的后顾之忧,农民的获得感、幸福感明显增强,提高了他们保护生态环境的积极性。①

第四节　太湖流域绿色保险试点

　　党的十八届三中全会《决定》提出"加快生态文明制度建设",其中提到实行严格的损害赔偿制度。环境污染责任保险(也称"绿色保险"),既可防范环境风险,也可赔偿合同人的一定损失,是生态文明制度建设的一部分。"绿色保险"是指以排污单位对第三人造成的污染损害依法应负的赔偿责任为内容的保险。排污单位作为投保人,向保险公司预先缴纳一定数额的保险费;保险公司据此代为承担赔偿责任,直接向受损害的第三人赔偿或者支付保险金。通过绿色保险,理论上可以实现多赢的局面:适当分散赔偿责任,受害人能得到及时补偿,企业也能正常经营,政府无须额外埋单,能够解决企业

① 参见《江苏省苏州市实施新一轮生态补偿政策　市级财政每年投入超亿元》,中华人民共和国财政部网,http://www.mof.gov.cn/xinwenlianbo/jiangsucaizhengxinxilianbo/201609/t20160905_2412005.htm。

污染造成的环境外部不经济性问题,保险公司也可以增加险种,多收保费。

一、基本情况

2008 年,原国家环保部与原国家保监会签署了《关于环境污染责任保险的指导意见》,明确企业一旦发生意外污染事件,将由保险公司为受害者及时提供赔偿,企业既避免了破产危机,政府也减轻了财政负担,而保险公司也能从“多收益、少赔偿”中获得利益。当年,原环保部与保监会在苏州召开了全国环境污染责任保险试点工作会议,江苏省无锡和苏州两市被列入“绿色保险”首批试点地区。原江苏省环保厅与原江苏省保监局、金融办联合制定了《关于推进环境污染责任保险试点工作的意见》,指导苏州市、无锡市开展环境污染责任保险试点工作。试点地区经历了冷热不均的过程。苏州市自 2010 年正式试点,保险公司与 66 家化工、印染、水处理等高危风险企业,签订环境污染责任保险合同,投保金额总计 1.32 亿元,企业年缴保费 5 万元。一旦发生事故,可获得 200 万元的赔付,当时是全国最大的一笔绿色保单。但是近 3 年投保环境污染责任险的企业数量、总保额和总保费均呈逐年下降趋势。投保企业数量由 66 家减少到 59 家,总保额由减少到 9850 万元,总保费由 309.78 万元减少到 183.9 万元。而无锡市参保企业由最初的 17 家发展到 2013 年的 1200 余家,参保覆盖面逐年扩大,累计承担责任风险 20 亿元,累计保费收入 3300 多万元。开办以来共发生环境污染责任保险赔案 8 起,累计赔付 136 万元。2013 年,全省 1720 家环境风险企业投保环境污染责任险,承包责任限额 27.07 亿元。2014 年起,全省投保企业数量占全国总数的 42.4% ,居全国第一。

二、 典型案例:无锡市绿色保险试点

无锡市绿色保险试点工作呈现一枝独秀的景象,具体做法可以概括为四个要点:政府主导、市场运作、专业服务、宣传发动。

(一) 政府主导开路

无锡市委、市政府高度重视这项工作,从 2010 年起就把试点工作作为环保目标责任书的重要内容,分解落实,明确各级党委、政府职责。无锡市还注重政策引导,不但出台了《无锡市环境污染责任保险实施意见》,规定了实施范围、实施原则、实施主体、保障范围、赔偿限额、承保方式、工作职责、政策扶持及相关制约措施,确保工作有章可循。还把环境经济手段与行政、法治手段有机结合,把企业是否投保与企业环境影响评价审批、"三同时"验收、排污许可证、信息公开、绿色信贷、环境应急管理、评先创优等管理制度有效衔接,使得参加绿色保险成为高风险行业企业管理链条上不可或缺的一环。例如,为鼓励企业积极参保,无锡市规定环保专项资金可用于环境污染责任保险保费补贴,对参保企业完成风险整改的,在企业申报污染防治资金时给予优先解决;对参保企业,在企业环境行为信息公开等级评定时提高一个等级;对参保不积极的高污染、高风险行业企业,在环境行为信息公开等级评定时以降一级评定,并通报中国人民银行,在其新、扩建设项目时实行环保限批;而那些被保险公司"拒之门

外"的企业,进入环保部门的"优先关停名单"。

（二） 市场运作并行

无锡市坚持通过市场机制推进试点工作。原市环保局通过政府项目采购办,对环境污染责任保险项目公开招标,确定了环境污染责任保险的基本条款、相关行业的基准费率、保险经纪公司、保险共保人和首席承保人,形成了以人保财险无锡市分公司为首席承保人,由5家保险公司共同参与的环境污染责任保险共保体,共保体各成员公司按照共保协议确定保费、赔款的分摊比例和履行各自的权利义务。人保财险无锡市分公司在全辖区建立了5个由各区域支公司分管领导及资深业务经理组成的环境污染责任险专业团队。2013年,又专门成立政府项目业务部,抽调基层业务骨干重组环境污染责任保险专业团队。无锡市人保公司通过专设机构、专业人员、专门业务、专项流程,打造出一支专业化的市场团队。

（三） 专家指导上门

无锡市还积极探索风险管理与指导服务以及第三方责任认定机制。聘请大学教授与行业专家,专门成立环境污染事故损失评估专家组,并建立起26名专家组成的专家库。专家们对每家风险企业均逐户上门服务,对企业风险及等级进行评估评定,排查隐患,指导企业进行风险管理,提高防范能力,初步建立了快速理赔通道、环境污染事故勘查、定损与责任认定体系。通过专业化团队和专家的保前、保中、保后服务,打消了企业顾虑、解决了企业难题、赢得了企业信任。

（四）广泛宣传发动

借助媒体专题报道、环保部门各项活动,广泛宣传,营造试点工作社会氛围。原无锡市环保局利用"百日环境安全宣传服务活动"、2010年环保十二大重点工程、企业环境行为信息公开、环境宣传月等活动,广泛宣传责任保险知识及其重要性,动员企业积极投保。每年举办两次专业知识培训,专题讲解企业环境问题,帮助企业做好风险评估和风险控制,提升企业环境管理水平。

无锡绿色保险试点成功实践,证明了绿色保险政策能实现四方共赢的局面。一是利用保险工具来参与环境污染事故处理,能分散企业经营风险,降低污染赔付成本,促使其快速恢复正常生产。同时有利于加强企业内部风险管理、全面提高企业污染防治能力,从源头上预防污染事故的发生。引入商业保险机制防治污染,可以帮助企业实现由"污染末端治理"向"污染全过程控制"的转变。二是该制度能够实现及时有效的赔付和污染清理,维护受损害者的利益。三是拓展了保险公司新的市场,只要众多企业参与,就可以获得长期稳定的利润。四是在市场经济体制下,商业保险作为市场化的风险管理和经济补偿手段,减轻了政府对企业监管的压力,减少了环境隐患,有利于及早妥善地处理环境污染纠纷。

第五节　太湖流域环保信用体系建设实践

党的十九大报告指出,要健全环保信用评价、信用强制性披露、严惩重罚等制度。环保信用体系以环保法律法规和标准为依据,以提高环境监管水平为核心,将信用管理纳入环境管理。"环保信用"

作为提高环境管理科学化、治理能力现代化的重要手段,将带动市场主体环保守信自律。"环保信用体系建设"集"多维信用制度、信用信息归集、多部门联合惩戒"于一体,统筹解决行业环境问题,科学归纳企业动态信息,传递环保强劲压力。

一、基本情况

原江苏省环境保护厅作为省政府首批确定的"社会信用体系建设示范单位"之一,将信用建设紧紧融入"生态文明建设工程"。

2012 年初,原省环境保护厅把企业环保信用评价列为年度示范试点的重点,正式提出建立"环保信用体系",这是全国环保系统中第一家提出建立环保信用体系的省级单位,也是省级 10 个示范试点单位制定行业信用体系实施方案的第一家。2013 年,出台《江苏省企业环保信用评价及信用管理暂行办法》《江苏省企业环保信用评价标准和评价办法》,与当时的省银监局、省信用办联合建立环保信用信息联动共享机制。2014 年,对全省 2 万多家污染源开展环保信用评价,结果与企业融资信贷等挂钩。2015 年,制定《江苏省环保信用体系建设规划纲要(2015—2020)》,组织全省 2 万多家企业开展环保信用评价,落实环保"黑名单"联合惩戒制度。2016 年,印发《江苏省环保信用体系建设规划纲要(2016—2020 年)》,创新建立企业环保信用评价制度,根据环境信用评价等级实行差别电价、污水处理收费政策,这一做法被原环保部在全国推广。2017 年,按照新的《企业环保信用评价标准》,对近 3 万家污染企业开展环保信用评价,对污染性企业实行分类监管。

2012—2017 年,原江苏省环境保护厅连续 6 年荣获省级机关信用体系工作考核第一名。2015—2017 年,"创新环保信用评价及联动奖惩机制"获得省政府法制创新奖。

江苏省企业环保信用管理系统展示

二、 典型案例：无锡环保信用评价建设

无锡市开展企业环保信用评价工作是从 2001 年开始的,参评企业从当初的 70 多家,发展到 2017 年的 4500 余家。参评企业既有数量上的扩大,又有行业的扩展,基本囊括了全市重点企业和重污染行业,并进一步向三产服务、科技信息类延伸,主要做法可以概括为分级管理、公开公平、奖惩联动三个要点。

（一）分级管理组织实施

原无锡市环保局将国控、市重点排污单位、县（区）排污单位分别纳入不同的参评范围。国控企业全部纳入省级参评范围，由原江苏省环境保护厅形成终评并公布，无锡市重点排污单位纳入市级参评范围，形成的终评结果由原无锡市环保局发布，各市（县）、区重点污染源按照分级负责的原则，负责组织辖区内企业环保信用评价和发布。

（二）规范程序公开公平

统一执行原省环保厅制定的《企业环保信用评价标准及评价方法（第三版）》，严格按照原省环保厅评价办法的有关要求进行，确定企业环保信用评价工作程序，按照"业务谁负责主管，信息谁归集打分"的原则，局各部门结合各自职能及掌握的企业环保工作实际，对照《江苏省企业环保信用评价标准及评价办法》，根据污染防治类指标、环境管理类指标、社会影响类指标的三大类、21 小项指标，逐一归集打分，由局政策法规处根据各职能部门的归集情况进行审核，形成初评意见。为保障企业的知情权，原无锡市环保局在形成企业环保信用初评意见后，及时制作《企业环保信用初评告知书》，送达相关企业。企业在规定时间内递交书面反馈意见，本着实事求是、客观公正的原则，各部门对企业反馈意见进行复核，对于企业的合理诉求，予以采纳修正。根据企业的陈述情况，环保局通过各部门对反馈意见的复核，最终形成终评建议，填写《无锡市环保局重大事项征求意见表》，由分管局长签署意见后，经全体局领导、党组成员审核通过，形成终评结论，发文向社会公开。

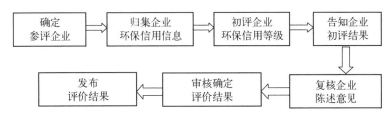

企业环保信用评价工作程序

（三） 信息共享奖惩联动

原无锡市环保局将企业环保信用评价结果与原中国银监会无锡监管分局实行信息共享,金融机构在办理管理信贷业务时,把企业环境行为等级作为审办信贷业务的依据,分别对绿色、蓝色、黄色、红色、黑色五个等级,制定相应的信贷门槛,合理配置信贷资源,使绿色信贷得到落实。同时,向社会信用部门交流评价结果,将企业环保信用信息评价等级纳入社会信用体系内容,在企业评先评优、安全资质、专项资金申请、金融产品扶持、优惠政策制定、政府采购引导、招投标建设等方面作为参考依据,较好地促进了企业环保信用信息在各个领域的应用。2017 年,与物价局联合推出对全市钢铁、化工、医药、印染、电镀、水泥、造纸、造船等八大高污染行业实行差别水价政策,即污水处理费按高于一般行业 1.5 倍的幅度征收,水价为 6 元/吨;使用自备水源,并将污水排入城市排水设施进行集中处理的八大高污染行业的用户,按 2.4 元/吨标准缴纳污水处理费。

无锡市通过开展企业环保信用评价实践,证明企业环保信用评价工作是一项激励并约束排污企业的综合性环境政策措施,使环境管理工作由传统型的行政手段进一步向行政、经济手段并举转变,起到了一举多得的功效。一是通过在公众媒体上公布评定结果,完善了公众参与、社会监督机制,加强了对企业环境违法行为的社会监督和制约,督促企业持续加强和改进环境管理,严格控制污染,搞好环境保护,努力实现经济与环境协调发展。二是增强和规范了企业的诚信守法自律意识和行为,提高了企业的环保社会责任感,促进企业从漠视污染、消极治理、被动应付,向重视环保、清洁生产、主动减排转变,增加了企业违法成本,加强了企业自身防范信用风险的能力。三是企业环境行为信息工作引起了有关企业主管部门和地方政府的高度重视和关注,越来越多的企业把企业环境行为信息看成企业自身生存和发展的需要。四是通过加强与金融部门、行业监管部门信息共享、工作对接,环保部门和金融部门厘清职责,促进了企业环保信用信息应用并注意后续跟踪管理,使绿色信贷、证照监管联动等信用政策取得实效。五是提高了金融机构信贷科学决策水平,更加有效地防范金融风险,有力地促进了环境友好型社会和社会诚信体系的建设。

第八章
江苏省太湖流域公众参与篇

推动公众依法有序参与环境保护,是党和国家的明确要求,也是加快转变经济社会发展方式和全面深化改革步伐的客观需求。党的十八大报告明确指出,"保障人民知情权、参与权、表达权、监督权,是权力正确运行的重要保证"。让公众参与环境管理,就是对政府权力进行监督和制约,是弥补政府失灵的有效机制。在现代治理体系中,政府治理离不开社会的有效参与和配合,而社会治理也需要政府来提供基本的制度框架。党的十九大报告提出,要构建政府为主导、企业为主体、社会组织和公众共同参与的环境治理体系。

第一节 太湖流域公众参与制度发展历程

2007 年至今,为推动公众参与环境管理,国家及江苏省相继颁布了诸多法律法规、政策制度、规划举措,公众参与环境保护和生态治理的法律制度日益完善、渐趋严格。

知情权是公众参与的前提和重要基础。公众只有获得准确的环境信息,才能有效地行使参与和监督等其他权利。2007 年 4 月,原国家环境保护总局出台《环境信息公开办法（试行）》（国家环境保护总局令第35号），这是在国务院颁布《政府信息公开条例》之后，我国政府部门发布的第一部有关信息公开的规范性文件，也是第一部有关环境信息公开的综合性部门规章。该《办法》通过将信息公开上升到制度刚性的层次，通过制度来强制、鼓励和促进政府和企业等信息所有者公开其所掌握的环境信息，接受社会的监督和评判，进一步为更深层次、更高质量的公众参与创造空间。[①]

2007年夏天，太湖蓝藻大暴发，惨痛的教训让江苏痛下决心，从此掀开了铁腕治污、科学治太的大幕。2007年9月，江苏省政府印发《省政府关于印发江苏省太湖水污染治理工作方案的通知》（苏政发〔2007〕97号），专门设立了"加强宣传教育，动员社会参与"这一章节，明确规定在太湖流域制定水污染防治专项宣传计划，广泛开展环保教育，增强全社会环保意识。实行环保有奖举报，鼓励检举揭发各种环境违法行为。对涉及公众环境权益的发展规划、建设项目和重大政策，要通过听证会、论证会等形式，广泛听取意见，维护公众的环境知情权、参与权和监督权。

2007年9月27日，针对太湖局部湖区蓝藻大规模提前暴发、水源地水质遭受不同程度污染、重点流域环境治理面临严峻考验的客观情况，江苏省第十届人民代表大会常务委员会第三十二次会议适时修订并颁布了《江苏省太湖水污染防治条例》，在健全环保体制机制、强化政府环境保护责任、大幅提高环境违法成本等方面取得了重大突破，成为当前全国最严的流域水污染防治法规。2010年、2012年、2018年，江苏省人民代表大会常务委员会又先后对《江苏省太湖

---

① 参见严育恩《论〈环境信息公开办法（试行）〉》，《湖南师范大学》2008年第15期。

水污染防治条例》进行了三次修正,修正后的《条例》明确规定太湖流域市、县(市、区)人民政府及其环境保护主管部门应当采取措施,保障公民的环境信息知情权,鼓励和支持公民、社会组织参与太湖水环境保护。环境保护主管部门应当将排污单位及其排污口的位置、数量和排污情况向社会公布,方便社会监督。新闻媒体、社会团体以及其他社会组织、公民可以对排污单位的排污情况进行监督。

2009 年 2 月,根据《国务院关于太湖流域水环境综合治理总体方案的批复》(国函〔2008〕45 号)要求,江苏省政府印发《省政府关于印发江苏省太湖流域水环境综合治理实施方案的通知》(苏政发〔2009〕36 号),明确提出太湖流域水环境综合治理需要推进公众参与、保障环境权益。建立环境信息共享与公开制度,各级政府要及时发布信息,让公众及时了解流域与区域环境质量状况。各级政府通过设置热线电话、公众信箱、开展社会调查或环境信访等途径获得各类公众反馈信息,及时解决群众反映强烈的环境问题。创新太湖流域公众参与的体制机制,增强太湖流域街道社区、乡镇村庄等自主管理环境事务的意识和能力,形成全社会共同推动太湖水环境综合治理工作的良好社会氛围。公民、法人或其他组织受到水污染威胁或损害时,可通过民事诉讼等方式提出污染补偿等要求,保障公众的环境权益。

2011 年 12 月,国务院印发《国家环境保护"十二五"规划》(国发〔2011〕42 号),提出实施全民环境教育行动计划,动员全社会参与环境保护。完善新闻发布和重大环境信息披露制度。推进城镇环境质量、重点污染源、重点城市饮用水水质、企业环境和核电厂安全信息公开,建立涉及有毒有害物质排放企业的环境信息强制披露制度。引导企业进一步增强社会责任感。建立健全环境保护举报制度,畅通环境信访、"12369"环保热线、网络邮箱等信访投诉渠道,鼓励实行有奖举报。支持环境公益诉讼。

2012年,为全面推进建设项目"环境保护公众参与制度建设",原江苏省环境保护厅出台了《关于切实加强建设项目环保公众参与的意见》,从公众参与环评调查、环评听证制度、环评公告公示等6个基础方面作了更加细致的规定。

2013年12月,国家发展改革委、环境保护部、住房城乡建设部、水利部、农业部五部委联合印发《太湖流域水环境综合治理总体方案(2013年修编)》(发改地区〔2013〕2684号),针对太湖治理面临的总氮消减难度大、面源污染日益突出、结构性污染严重等新情况和新问题,明确下一阶段太湖治理的思路和重点领域,并就公众参与进行了简要的阐述,提出应该完善太湖流域水环境治理政务信息公开制度,确保信息畅通和准确,要及时向社会发布太湖流域水环境状况。对涉及公民用水安全和环境权益的重大问题,要履行听证会、论证会程序,问计问策于民。维护广大民众的环境知情权、参与权和监督权,坚持电视、广播、报纸和网络等新闻媒介的正确舆论导向,发挥公众和媒体舆论监督的作用。

2014年4月,中华人民共和国第十二届全国人民代表大会常务委员会第八次会议修订通过《中华人民共和国环境保护法》(中华人民共和国主席令第九号),其作为环境基本法将"公众参与"正式纳入环境保护的基本原则,并且专章规定了信息公开和公众参与,包括公众获取信息的权利,公众在环境影响评价过程中提意见的权利,公众对环境、生态破坏行为及行政机关不依法履行职责的行为举报的权利,符合条件的社会组织可以提起公益诉讼的权利等,对推动公众参与具有划时代的里程碑意义。该法第五十三条明确规定:"各级人民政府环境保护主管部门和其他负有环境保护监督管理职责的部门,应当依法公开环境信息、完善公众参与程序,为公民、法人和其他组织参与和监督环境保护提供便利。"

新修订的《中华人民共和国环境保护法》为公共参与环境保护提供了法律依据,社会各界聚焦环保,公众参与制度如雨后春笋般得以迅速发展。2014 年 12 月,原环境保护部部务会议审议通过《企业事业单位环境信息公开办法》(环境保护部令第 31 号),对企业和事业单位环境信息公开进行进一步的明确和细化。《办法》从多方面采取措施,保障公众参与。《办法》提出,企业事业单位应当通过便于公众知晓的方式公开环境信息,并且强制规定了企业事业单位必须采取在门户网站、环境信息公开平台或者当地报刊 3 种最便于公众获取信息的方式之一公开其环境信息。公众可以根据名录向重点排污单位查询相关环境信息,发现重点排污单位未依法公开环境信息的,有权向环保主管部门举报。

2015 年 4 月,国务院印发《水污染防治行动计划》(国发〔2015〕17 号),专门设立"强化公众参与和社会监督"章节,要求各省(区、市)人民政府要定期公布本行政区域内各地级市(州、盟)水环境质量状况。国家确定的重点排污单位应依法向社会公开其产生的主要污染物名称、排放方式、排放浓度和总量、超标排放情况,以及污染防治设施的建设和运行情况,主动接受监督。为公众、社会组织提供水污染防治法规培训和咨询,邀请其全程参与重要环保执法行动和重大水污染事件调查。公开曝光环境违法典型案件。健全举报制度,充分发挥"12369"环保举报热线和网络平台作用。限期办理群众举报投诉的环境问题,一经查实,可给予举报人奖励。通过公开听证、网络征集等形式,充分听取公众对重大决策和建设项目的意见。积极推行环境公益诉讼。

2015年4月,国务院发布《关于加快推进生态文明建设的意见》(中发〔2015〕12号),《意见》鼓励公众参与到环境保护中,并要求有关部门和政府完善我国的公众在环境保护方面的参与制度,及时全面公开各种有关环境保护的信息内容,扩大信息公开的范围,保障公众在环境保护方面的信息知情权,维护公众在环境和环保方面的权益;通过完善举报机制、听证会和舆论监督等方式,建立一种能够让全体社会成员都参与到环境保护中的运行系统;同时还要建立环境公益诉讼制度,发现个人或单位存在污染或破坏生态环境的行为,有关组织可以向法院提起公益诉讼。在建设工程的立项招标、动工建设,以及建成以后的评价等环节,不断增强公众的有序参与。引导生态文明建设领域各类社会组织健康有序发展,充分发挥非政府组织以及广大志愿者们的作用。

2015年7月,原环境保护部部务会议通过《环境保护公众参与办法》(环境保护部令第35号),这是我国首次以单独条例的形式规定环境公众参与的具体办法,为公众参与环境协同治理提供了具体的制度规范。《办法》明确规定,环境保护主管部门可以通过征求意见、问卷调查,组织召开座谈会、专家论证会、听证会等方式开展公众参与环境保护活动,并对各种参与方式作了详细规定,贯彻和体现了环保部门在组织公众参与活动时应当遵循公开、公平、公正和便民的原则。《办法》支持和鼓励公众对环境保护公共事务进行舆论监督和社会监督,规定了公众对污染环境和破坏生态行为的举报途径,以及地方政府和环保部门不依法履行职责的,公民、法人和其他组织有权向其上级机关或监察机关举报。为调动公众依法监督举报的积极性,《办法》要求接受举报的环保部门,要保护举报人的合法权益,及时调查情况并将处理结果告知举报人,并鼓励设立有奖举报专项资金。通过这些详细措施,《办法》将监督的"利剑"铸实、磨快并交予公众,建立健全全民参与的环境保护行动体系。

2015 年 12 月,江苏省政府印发《江苏省水污染防治工作方案》(苏政发〔2015〕175 号),该方案第四十九条明确规定,要定期发布环境质量公报、海洋环境质量公报,定期公布省辖市水环境质量排名。各市、县(市)在主要媒体上及时发布水环境质量状况。建立重点排污企业环境信息强制公开制度,切实保障公众环境知情权。支持环保社会组织、志愿者开展水环境保护公益活动,邀请其全程参与重要环保执法行动和重大水污染事件调查。健全举报制度,充分发挥"12369"环保举报热线和网络平台作用。限期办理群众举报投诉的环境问题,一经查实,可给予举报人奖励。通过公开听证、网络征集等形式,充分听取公众对重大决策和建设项目的意见。公开曝光环境违法典型案件,积极推行环境公益诉讼。

2016 年 11 月,原江苏省环境保护厅印发《江苏省环境保护公众参与办法(试行)》(苏环规〔2016〕1 号),进一步明确了环境保护公众参与的范围,包括:制定有关环境政策、规划;监督重点排污单位主要污染物排放情况,以及防治污染设施的建设和运行情况;对环境保护公共事务进行舆论监督和社会监督;对污染环境、破坏生态等损害社会公共利益的行为开展环境公益民事诉讼;参与环境保护宣传教育、社会实践、志愿服务、公益活动等其他事项。《办法》强调,按照本办法规定公开征求意见的,公众可以根据公布的时限、程序、方式等要求,提出意见和建议,环境保护主管部门对公众提出的合理意见应予以采纳,不予采纳的应做出说明。

2016 年 12 月,江苏省委、省政府印发《"两减六治三提升"专项行动方案》(苏发〔2016〕47号),《方案》紧紧围绕结构调整、治污减排、生态保护、政策调控、执法监管等重点领域,采取更加系统、更加精准、更加严格的措施。治理太湖水环境被列为"六治"中的首治,凸显了太湖治理的重要性。《方案》提出要每周在《新华日报》、江苏卫视等主流媒体曝光典型环境问题,公布整改情况,接受社会各界监督。

2016年12月,中共中央办公厅、国务院办公厅印发了《关于全面推行河长制的意见》,提出全面建立省、市、县、乡四级河长体系,推动河长制在全国范围内施行。《意见》提出应加强社会监督,建立河湖管理保护信息发布平台,通过主要媒体向社会公告河长名单,在河湖岸边显著位置竖立河长公示牌,标明河长职责、河湖概况、管护目标、监督电话等内容,接受社会监督。聘请社会监督员对河湖管理保护效果进行监督和评价。进一步做好宣传舆论引导,提高全社会对河湖保护工作的责任意识和参与意识。

2016年12月,水利部太湖流域管理局出台《关于推进太湖流域片率先全面建立河长制的指导意见》,明确了太湖流域片率先全面建立河长制的时间表、路线图和阶段性目标,推动太湖流域片在全国率先全面建成科学规范的河长制体系。《意见》提出应探索建立政府主导、部门分工协作、社会力量参与的河湖管护体制机制,不断丰富完善河长制工作机制,鼓励公众参与。采用"河长公示牌""河长接待日""河长微信公众号"等方式主动展示河长工作、宣传河湖管护成效、受理群众投诉和举报,借助"企业河长""民间河长""河长监督员""河道志愿者""巾帼护水岗"等社会资源进一步强化河湖管护合力,营造全社会关心河湖健康、支持河长工作、监督河湖保护的良好氛围。

2017 年 1 月,江苏省人民政府办公厅印发《江苏省"十三五"太湖流域水环境综合治理行动方案》(苏政办发〔2017〕11 号),明确地方政府作为太湖治理的第一责任主体,并要求各地政府要全面深化河长制,赋予河长明确的工作任务、职责要求。在促进社会参与方面,《方案》提出应完善流域治理环境政务信息公开制度,及时向社会发布太湖流域水环境状况。不断创新公众参与的体制机制,鼓励在项目决策,鼓励在项目决策、建设、运营过程中引入多利益相关方的参与模式。加强环境宣传与教育,增强全社会环境忧患意识和责任意识,积极引导公众参与环境保护和太湖治理。探索建立社区、街道、村组等居民环保自愿服务机制,结合垃圾分类收集、河道治理、分散污水处理、湿地修复等工程,实施相关区域公众参与式管理示范项目。

2017 年 6 月,中华人民共和国第十二届全国人民代表大会常务委员会第二十八次会议通过《全国人民代表大会常务委员会关于修改〈中华人民共和国水污染防治法〉的决定》(中华人民共和国主席令第七十号),本次修订针对水资源现状作了相应的调整,对水资源加大了保障力度,也补充了原先法律保障的不足之处,使得水污染防治法的实施更加全面。其中,第十一条和第九十九条涉及公众参与,提出任何单位和个人都有义务保护水环境,并有权对污染损害水环境的行为进行检举。环境保护主管部门和有关社会团体可以依法支持因水污染受到损害的当事人向人民法院提起诉讼。

2017 年 12 月,中共中央办公厅、国务院办公厅印发《关于在湖泊实施湖长制的指导意见》(厅字〔2017〕51 号),详细阐述了湖泊实施湖长制的重要意义、湖长体系、湖长职责、主要任务和保障措施 5 个部分的内容,提出要通过湖长公告、湖长公示牌、湖长 App、微信公众号、社会监督员等多种方式加强社会监督。

2018年7月,生态环境部出台《环境影响评价公众参与办法》(生态环境部令第4号),主要针对建设项目环境影响评价公众参与相关规定进行了全面修订:更加明确地规定了建设单位主体责任,由其对公众参与组织实施的真实性和结果负责;依照《环境保护法》的规定,将听取意见的公众范围明确为环境影响评价范围内公民、法人和其他组织,优先保障受影响公众参与的权力,并鼓励建设单位听取范围外公众的意见,保障更广泛公众的参与权力;进一步将信息公开的方式细化为网络、报纸、张贴公告等三种方式;明确了公众意见的作用,优化了公众意见调查方式,建立健全了公众意见采纳或不采纳反馈方式,针对弄虚作假提出了惩戒措施,确保公众参与的有效性和真实性;全面优化了参与程序细节,实施分类公参,不断提高效率;对生态环境主管部门环评行政许可的公众参与进行了明确等。通过修订,进一步优化建设项目环境影响评价公众参与,解决公众参与主体不清、范围和定位不明、流于形式、弄虚作假、违法成本低、有效性受到质疑等突出问题,增强其可操作性和有效性。

2019年1月,江苏省人民政府办公厅印发《江苏省打好太湖治理攻坚战实施方案》(苏政办发〔2019〕4号),以改善太湖水环境质量为核心,围绕重点地区,聚焦氮磷水质短板,集中精力组织攻坚,实施一批促进水质改善的关键性工程,有效削减污染负荷,解决突出环境问题。太湖水环境治理离不开公众的参与,《方案》提出应倡导绿色消费新风尚,开展环保社区、绿色学校、绿色家庭等群众性创建活动。加强宣传教育,努力提升广大群众保护太湖的积极性和自觉性,积极引导公众参与太湖治理,结合蓝藻打捞、小流域治理、工业提标、湿地修复等工程,实施相关区域公众参与式管理示范项目。完善流

域治理环境政务信息公开制度,充分发挥"12369"环保举报热线和
"两微一端"新媒体作用,用好新闻发布会制度,主动发布权威信息,
公开曝光环境违法典型案件,宣传治理成效,增强群众对生态环保工
作的认同和支持。

第二节　太湖流域公众参与探索与实践

江苏省太湖流域公众参与工作从 20 世纪 90 年代开始实践,通
过建立和完善环境保护政务公开、企业环境信息公开、环境影响评价
公众参与、环境污染有奖举报、拓宽公众参与渠道等方式,保障公众
的知情权、参与权、表达权、监督权。

一、扩大信息知晓权

江苏省推进公众参与工作,首先在公众环境保护知情权上求突
破,只有让公众了解环境保护工作重点、程序、环境质量、企业环境状
况以后,才能激励广大公民自觉投身环境保护的主战场。2000 年,
江苏省被原国家环保总局确定为环保工作政务公开试点单位,太湖
流域选择江阴市开展行政执法责任制的试点工作,公开环保部门的
办事程序,通过"打开天窗说亮话",提高依法行政的透明度。现在
各地均建立起了环保政务公开大厅和行政审批中心,开设了建设项
目审批、排污收费、信访举报等诸多窗口,公开政策法规、工作制度、
办事程序、举报电话等政务信息。"十五"期间江苏省建立了环保工

作媒体公布制度,每季度公布太湖年度目标责任书进展情况,定期发布城市环境综合整治,推进生态省建设等重点工作情况,建立企业环境行为信息公开化制度。2007 年以来,通过新闻媒体或网上定期发布江苏省太湖流域水环境质量状况。近年来,江苏又相继推出了江苏环保公众网和江苏环保微博、微信,采用最新媒介手段及时向公众发布环保有关信息,搭建让社会感知环保工作的桥梁。以无锡为例,《无锡日报》开设"信息公开"专版,开展了企业环境行为等级评定、环境质量、环评审批及违法企业道歉及承诺"四公开"活动,按照长三角地区企业环境行为信息公开化评价标准,参评企业就达 2600 家以上①;市及县(市、区)两级环保部门均于 2013 年开通环保政务微博,形成环保政务微博群。2013—2017 年,江苏省环保宣教中心联合《现代快报》、江苏城市频道共同举办"公众看环保"系列活动,邀请公众代表了解环保重点工作进展情况。2017 年 7 月,原江苏省环境保护厅和省住建厅联合启动全国环保设施和城市污水垃圾处理设施向公众开放工作。2018 年 11 月,全省 13 个设区市共 40 家环保设施和污水垃圾处理设施面向公众敞开大门,邀请公众实地了解城市污水、垃圾处理等环保设施建设运行情况。截至 2019 年 5 月,10 万多名公众走进各类环保设施感知环保,丰富环保知识,提升生态环境意识。

二、 提高参政议事权

镇江丹阳市从 1999 年起就探索建立圆桌会议制度,发挥公众参

---

① 参见朱玫《铁腕治污　科学治太——江苏省太湖流域体制机制实践探索》,南京:江苏人民出版社 2015 年版,第 128 页。

政议事作用。丹阳市分别在 7 个乡镇召开污染控制报告会,请公众代表参加,由当地政府领导主持,环保部门介绍当地环境质量状况,污染企业介绍治污状况,公众代表发表意见,对一些环境违法企业进行批评和评判,督促当地政府和环保部门责成污染企业拿出限期整改方案,并在下一次污染控制报告会上向公众反馈整改情况。同时,丹阳市还把圆桌会议制度延伸到处理污染纠纷之中,由环保部门和当地政府部门牵头,让排污企业和公众代表坐在一起,公平、公开、公正地解决污染纠纷。2006 年在原环保部与世界银行支持下,常州成为国家级圆桌会议制度试点地区。常州市政府领导、企业负责人以及利益相关的公众代表三方共同组成会议成员,定期就环境热点问题进行商谈,通过平等对话,相互理解,找出问题根源,明确解决措施,及时化解矛盾。圆桌会议制度能起到一举多得的效果:一是政府可以借用"外脑",推动环境问题更好解决,提高政府管理效率;二是企业通过面对面交流,提高环保意识,增强保护好一方水土的责任感;三是公众能增加对政府的理解,提高参政议政水平。此外,"十五"开始,苏南各市先后在污染源限期治理项目竣工验收、环境影响评价制度等工作中分权给公众,使公众在环境与发展的综合决策中均占有"一席之地"。这几年,江苏省还注重联合有责任的企业、环保 NGO、志愿者队伍共同加入环境宣传等工作。2011 年第 42 个世界地球日,江苏省环保厅就联合安利(中国)日用品有限公司共同启动了"爱太湖 乐生活"安利环太湖环保志愿者生态行活动,由环保志愿者通过一个月的环太湖生态骑行活动,亲身见证太湖治理与保护带来的变化,并在沿途每站选择一个社区广场开展太湖治理与环境保护方面的知识宣传,同时将沿线调查结果整理汇总,最后形成建议书提交给有关政府部门,为太湖的保护与治理提供参考①。不少环保 NGO 组织和志愿者队伍这几年也逐渐发展壮大。2015 年至今,无锡市新吴区绿循环保促进中心联合无锡康明斯涡轮增压技术有限公司参与康明斯全球环保挑战赛,通过搭建一个政府、企业、NGO、居民共同参与保护太湖行动的平台,联合各界积极参与太湖污染的源头治理,探索新公共治理环境下的城市河道治理问题。创建实施了"绿色太湖,藻来早去"项目,通过编写《藻来早去》环保手册,发起"爱我母亲湖——抗击蓝藻、科学放生"宣传实践行动,组织志愿者参与蓝藻打捞,开展生态教育等,促进太湖污染治理的社会协同和公众参与。

三、 保障公众表达权

随着公众对生活质量重视程度的提高及环境信息(特别是网络信息)可得性的增强,公众的环境权利意识日益增强,提出了更高的环境诉求。拓宽公众环境诉求的表达渠道,倾听群众呼声,有利于及时掌握公众的环保需求,便于政府职能部门及时回应,化解社会矛盾。公众拥有利益表达渠道是其参与生态治理的基础。近 10 年来,国家及江苏省相继出台了各种规章制度,进一步规范公众环境诉求表达渠道,明确公众可以通过"12369"环保举报电话、信函、网络、微博、微信等方式向环境主管部门或负有环境监督管理职责部门反映问题。以电话与网络的环境投诉为例,根据原环保部公布的数据,全国各级系统收到环境投诉电话("12369"环保举报电话)或网络环境

---

① 参见朱玫《铁腕治污　科学治太——江苏省太湖流域体制机制实践探索》,南京:江苏人民出版社 2015 年版,第 128 页。

投诉数量不断增加,由 2011 年的 85.2 万件迅速增加到 2015 年的 151.2 万件。与之相应的环境投诉案件的办结率也都达到了 95% 以上[①]。总体来说,公众的环境诉求得到了环保相关部门的有效回应。在公众环境诉求日益增加的同时,与此相关的政策法规也在逐步完善。比如 2015 年原环保部制定了《环境保护公众参与办法》,进一步保障了公众获取环境信息、参与和监督环境保护的权利,畅通了公众环境参与渠道。2016 年,原江苏省环境保护厅在制定《江苏省环境保护公众参与办法(试行)》的过程中,在官网向社会公众及相关部门公开征求意见和建议,共收到 108 条建议,其中 97 条建议被充分采纳。11 月,《办法》出台并明确提出公众可以通过信函、传真、电子邮件、"12369"环保举报电话、网络平台等途径举报破坏生态环境及影响公众健康的行为。《办法》还强调,公众可以根据公布的时限、程序、方式等要求,提出意见和建议,环境保护主管部门对公众提出的合理意见应予以采纳,不予采纳的应做出说明。

同时,为保障公众对生态环境违法行为的举报权利,自 2001 年起,江苏省在全省深入开展了环境污染有奖举报制度,鼓励公众对环境污染行为进行监督举报。2019 年 1 月,江苏省生态环境厅出台《江苏省保护和奖励生态环境违法行为举报人的若干规定(试行)》,明确提出举报人可采用信函、电话、网络等方式实名或匿名举报,并对积极提供举报线索、协助侦破案件有功的实名举报人,给予一定的精神及物质奖励。

---

① 参见张为杰《生态文明导向下中国的公众环境诉求与辖区政府环境政策回应》,《宏观经济研究》2017 年第 1 期,第 54 页。

四、行使环境监督权

公众是环境污染的直接受害者,也应是环境治理的参与者和监督者。公众行使环境监督权是践行以人民为中心发展理念的客观要求,是推进生态环境治理体系和治理能力现代化的现实需求,亦是建设服务型政府的重要举措。

"十五"以来太湖流域各级环保部门专门聘请社会力量开展专门监督,比如聘用一批污染举报"专业户",建立了热线联系网络,使环保部门能及时了解和掌握这些企业的排污状况。常州市在"清水工程"建设中,聘请了热心环保公益事业、以下岗职工为主要对象的市民代表,专门负责查看列入整治名单河道的水质状况以及监督沿河排放口水质状况。苏州市在餐厨垃圾的管理中,也聘任了一些社会力量作为监管员,协助城管部门开展监督工作。

随着政府对公众参与的重视,公众环境意识的提升,江苏省环保部门因势而谋,积极动员社会力量参与环境监督,为环境治理出谋划策。2017 年 8 月,原江苏省环境保护厅面向全省公开招募了 642 名环境守护者,通过"环境守护者手机端 App"和"江苏省环保公众参与信息管理系统"两项信息化技术手段直接参与全省的环境公共事务管理,成为生态环境部门的"鹰眼"和"参谋"。一年多来,全省环境守护者带头践行绿色生活方式,传播绿色理念,定期观察和记录当地环境现状和变化情况,监督大气、水、土壤污染防治以及"两减六治三提升"专项行动实施,为改善环境质量、加强环境监管建言献策,在"环境守护者手机端 App"上传数千条环境问题线索,推动了一大批环境问题的解决。

太湖流域各地在"河长制"实践工作中,因地制宜摸索出了不少行之有效的做法。2018 年,常州市在全省率先出台"民间河长实施意见",被省河长办在全省转发推广。截至目前,全市已选聘招募各类"民间河长"1503 名,"民间护河队伍"31 支;扩充"企业河长"队伍,从 16 条河道 24 位河长,增至 130 条河道 173 名河长,设立"企业河长治水光彩基金",共计筹资 170 万元用于河道治理;发挥基层党组织、妇联、团委等群团优势,招募"党员河长""巾帼河长""河小青"等共计 503 名,联合开展"巾帼河长爱护母亲河"、"河小青培训班"及"民间河长走大运(河)"等 3 场大型河长制公益活动。武进区罗家头村"党员河长""自发出资、自发修建、自发维护"的治河新模式获省政府推介。

第三节　典型案例

一、 企业河长：共建共治共享绿色家园

2016 年底,由江苏首创的河长制在全国全面推行。武进作为全省生态保护引领区,在制定《生态保护引领区建设规划》时,就明确提出要落实企业环境治理主体责任,动员全社会积极参与生态环境保护,形成政府、企业、公众共治的环境治理体系。在这一过程中,首创于湖塘镇并在全区推广的"企业河长",为动员社会力量共同参与生态文明建设,共建共治共享绿色家园提供了生动的案例。

湖塘镇

国茂减速机集团有限公司的徐国忠董事长即是首批"企业河长"中的一员。2018年八九月份,身为国茂减速机集团有限公司董事长、湖塘镇商会会长的徐国忠了解到湖塘镇仅污水支管网建设与黑臭河道整治,需投入四五个亿时,不禁开始思索:黑臭河道与企业或多或少有关,企业以前只注重搞生产、做销售,大都是粗放式发展,能源消耗大,污染重,对环保方面的意识也比较缺乏,导致对社会环境的历史欠账太多。今天,日益严峻的黑臭水体、雾霾环境问题表明,时下的生存环境已经处于超负荷状态,人们的健康也面临着极大的威胁。这些都警示我们,必须立即行动起来,真正树立起"反哺生态建设、走绿色发展之路"的生态文明建设观念,切实主动通过节能减排、引进新技术、整合资源、协力社会环境治理等方式,将企业利益和生态文明的长远利益有机结合起来。

于是,徐国忠立即向党委、政府进一步咨询相关情况,并与商会各会长就此进行了专题研讨。2017年9月5日,经会长会议商定,商会成立了全区首个"生态文明共建光彩基金",计划连续 3 年每年出资 100 万元,用于支持全镇污水支管网建设和黑臭河道的整治与管护。同时,在此基础上,配套实行"企业家河长制",以作为政府行政河长制的有力补充。

包括徐国忠在内的商会 24 位会长企业家,被湖塘镇人民政府聘请为"企业河长"。按照就近原则和实际情况,大家挺身参与 16 条湖塘镇主要河道及支浜支流的整治管护,由此,走在全国前列的"企业河长制"便应运而生了。

湖塘镇企业河长制公示牌

此后,为有效推进河长制工作,徐国忠调研制订了企业家河长职责:一是参与河道整治共建,勇于担当社会责任;二是强化企业内部治污,树立绿色企业形象;三是发动员工全面参与,积极查找污染来源;四是定期开展河道巡视,阻止污染违法行为;五是商议探讨治水工程,协助谋划治污之策。

徐国忠切实履行企业河长职责,在参与共建上,除参与出资,徐国忠还单独拿出100万元,用作河道治理奖励资金,对企业家河长工作进行常态化评比奖励;在强化自身上,在前几年建成雨污分流与废气处理设施的基础上,国茂又新建一套污水处理设施,进一步提升周边的水环境质量;在定期巡视和发动参与上,国茂成立了专门的工作小组,对负责的兴隆河进行长效的巡视和生态治理,同时号召企业全员带动家庭,来共同关注、践行保护水环境;在治污之策上,经反复巡查,并和所属鸣南社区交流沟通,徐国忠向党委、政府提出了"自费出资邀请专业公司设计方案,把沿岸的农作物改成林木种植,并自费在岸边安装安全警示牌与救生圈"等建议和措施,以此提升沿岸环境质量,减少河道保洁压力,提高河道的自净能力。

在徐国忠的号召、带动和示范下,商会企业家河长们纷纷出资、出力、出样、出策,将治河工作开展得有声有色,初见成效。他们有的自费聘请河道保洁员作为"隐形"监督员,购买小船巡查,确保及时打捞漂浮物,同时观察河道两侧排放口,对沿线所有排放口进行登记,及时发现恶意偷排行为,协助查明河道污染的主要成因;有的聘请专业单位,对河道整治提出方案,建设生态湿地;有的发动沿线企业负责人共同参与到河道整治工作中来……

徐国忠认为,河道治理需要秉承"新时代共治共管共享的社会大融合大分享"新思维,今后不仅要发展壮大"企业家河长",更要侧重发动企业全员及其家庭,来进行全面的协力参与和有力治理,真正使"企业家河长制"转变为企业家负责下的"企业全员河长制",逐步形成全社会共同参与治理的局面,彻底消灭黑臭河道。

党的十九大报告指出,着力解决突出环境问题,坚持全民共治,构建政府为主导、企业为主体、社会组织和公众共同参与的环境治理体系。企业河长以企治水,改变过去单纯依靠政府治水的惯性思维,通过企业带头、职工参与,调动方方面面的力量,加入治水队伍中来。这就使我们的治水工作,多了一双眼睛、多了一对耳朵、多了一张嘴,从而实现社会共同治理。

二、 社企联动:开启河道环境治理新模式

2015 年,无锡市政府出台《关于进一步深化太湖水污染防治工作的意见》,将河道整治作为精准治太的重要环节,列出 161 条待整治的河道,计划实施"清水"和"活水"两大行动,彻底解决无锡市存在的黑臭河道、"断头浜"、"河道淤塞"、"河水滞流"等问题。

自 2015 年至今,无锡市新吴区绿循环环保促进中心(以下简称"无锡绿循环环保促进中心")联合无锡康明斯涡轮增压技术有限公司开展系列太湖水环境治理公益活动,通过搭建一个政府、企业、NGO、居民共同参与保护太湖行动的平台,联合各界积极参与太湖污染的源头治理,探索新公共治理环境下的城市河道治理问题。先后实施了"绿色太湖,藻来早去"太湖污染治理公民参与行动、"绿色太湖·小河生态大河清"水污染生态治理行动、"芦村河黑臭河道整治"行动等项目,促进太湖污染治理的社会协同和公众参与。

"绿色太湖,藻来早去"活动

（一）　"绿色太湖，藻来早去" 太湖污染治理公民参与行动

编写《藻来早去》环保手册,发起"爱我母亲湖——抗击蓝藻、科学放生"宣传实践行动,组织志愿者参与蓝藻打捞,开展生态教育等活动,并对社区内的断头浜小河、城中村内河及城市小池塘、社区内黑臭河等开展了水生态治理。2015 年,该项目先后获得康明斯环保挑战赛中国区、亚太区第一名,并摘得全球总冠军,获得康明斯总裁奖。

（二）　"小河生态大河清"水污染生态治理行动

无锡绿循环环保促进中心联合无锡康明斯涡轮增压技术有限公司在市内一些河道池塘开展了"小河生态大河清"的生态治理行动,在专家的指导下,针对无锡市内不同黑臭河道的实际情况,因地制宜,一河一策,组织当地居民和志愿者共同参与河道治理。

位于无锡市新丰苑一区的新丰河,以前经常出现黑臭现象,影响小区居民的日常生活。针对新丰河黑臭情况,无锡绿循环环保促进中心组织志愿者们亲手制作可以净化水体的数百个"水草包",投放入新丰河河道,和鱼虾、浮游生物等组成"环保联合卫士",重建河道自身的生态系统,所投放的生物均为本土生物,并得到了当地相关政府机构的认可,这些生物让原本为"死水"的河道形成了自己的生态链,持续消耗不必要的养分,阻止蓝藻的生长,改善了水体质量,有效地解决了河道治理的难题。而梁塘河是太湖污染源头控制的重要河段,周边的城中村居民产生的生活污水未经处理,直接排放,造成水体富营养化,产生蓝藻污染。针对此种情况,无锡绿循环环保促进中心联合无锡康明斯涡轮增压技术有限公司构筑砾石坝以净化从居民区汇入的污水,建立生态浮床吸附水中的营养,打造人工阶梯湿地,营造丰富的水生态环境,促进了水体的多层次净化。

水污染生态治理在行动

2016年5月开始,无锡绿循环环保促进中心在无锡新区实验小学锡梅分校开展生态池塘建设活动,通过覆土、种草、墙绘等方式,为孩子们构建了一个美丽的生态池塘。在生态池塘的建设活动中,志愿者们共种植了3万株水生植物,其中就有来自2015年新丰河治理行动中所培植的水生植物和浮游动物,真正实现用低成本方式维护建设一个可净化、可循环的水生态系统。同时,还开展环保科普课堂,带领孩子们学习水生态系统原理,利用池塘中种植的水草、鱼虾螺及浮游生物亲手制作生态瓶,在孩子们的心中撒下一颗颗环保的种子。

(三)　"芦村河黑臭河道整治"行动

2016年4月,梁溪区境内的芦村河开展控源截污、清淤换水及河岸护堤修复工作。无锡绿循环环保促进中心了解到总长110米的芦村河许湾里西浜为"断头浜",由于附近居民向河道扔垃圾,加之断头浜河水流动性差,在实施清淤前,河水黑臭现象严重,居民上访不断,成为当地的不稳定因素。为巩固政府实施的清淤工程的成效,彻底解决河水黑臭问题,无锡绿循环环保促进中心向梁溪区水利部门递交许湾里西浜的生态治理项目计划书,拟由无锡康明斯涡轮增压有限公司出资20万,委托专业公司进行水生态治理,由无锡绿循环环保促进中心负责项目的实施。经梁溪区水利局同意,无锡绿循环环保促进中心联合无锡康明斯涡轮增压有限公司对芦村河进行水生态治理,并组织企业志愿者参与水生植物的种植,带动芦村河周边的居民参与治理活动,安排志愿者定期检测水质,分析河水水质变化的原因,并与企业志愿者一道对周边居民和学校进行宣传教育。

芦村河整治前后

经过治理,芦村河许湾里西浜的污染物大幅削减,其中悬浮物削减率为 85.96%,氨氮削减率为 56.87%,总氮削减率为 76.65%,总磷削减率为 79.31%,水体质量得到了大幅改善。

三、 以行践言：做绿水青山的环境守护者

2017 年 8 月,原江苏省环境保护厅面向全省公开招募了 642 名环境守护者,他们中年龄最大的 82 岁,最小的 5 岁,来自全省各个行业,既有记者、律师、银行高管、企业负责人,也有各级党政机关的工作人员,大中小学的老师、学生,还有环保社会组织负责人等。他们除了热心环保之外,还有一个共同特点,就是都具有敏锐的观察能力、独立思考的能力和良好的团队意识。2018 年 1 月,江苏首批"环境守护者"在接受了统一培训后正式"走马上任",他们在江苏省环境保护宣传教育中心和全省各级生态环境部门的指导下,通过"环境守护者手机端 App"和"江苏省环保公众参与信息管理系统"两项信息化技术手段直接参与全省的环境公共事务管理,成为生态环境部门的"鹰眼"和"参谋"。

"我现在 24 小时开机,手机成了社区环保热线。"无锡市滨湖区河埒街道惠河社区的刘宏泽,自从当选"环境守护者"后就成为社区居民"不掉线"的环保顾问,路上冒污水、垃圾乱堆放、施工有噪音等,只要遇到环境问题,大家总是第一

刘宏泽正在接听环保热线

时间找他。"问题虽然多,自己比较辛苦,但也便于归类总结。"刘宏泽是个有心人,从居民反映的情况中,得出饭店和菜场周边最易"纳污"的结论。于是,他多留了个心眼,每天对这两个重点地区窨井盖的运行情况做好笔记画好圈,他提交的"环境守护者观察报告"《打通无锡老新村"肠梗阻"》很快被当地生态环境部门转交到社区。去年 12月,根据刘宏泽的笔记,惠河社区对相应管网进行"大扫除",老新村"肠梗阻"彻底清理疏通。"少一点污水进管网,就能多一份清水流入太湖。"这是刘宏泽最朴素的心愿。

无锡环境守护者刘福均,积极动员芦村河周边居民自发组织起来,保持河道水体清洁,维护河道生态环境,承担河道监督检查的职能。在刘福均的组织和指导下,居民们开展日常监督检查,及时发现河道存在的问题,对破坏河道环境的行为进行劝阻,使河道周边的居民养成维持河道整洁的习惯,并听取和记录相关意见和建议,及时上报给河道的责任河长和相关部门。同时,志愿者们还对周边社区居民、学校等开展环保宣传活动,引导全民共同关爱河道环境。

环境守护者刘青长期参与绿色太湖项目,组织企业员工开展守护太湖活动,通过放生、宣讲等形式传播环保理念,倡导绿色生活,辅

志愿者参加守护太湖行动

以太湖蓝藻打捞活动的参与和协助,积极培育环保志愿者充当河道守望者的角色,接力参与守护太湖行动。该项目是致力于太湖水质改善的一个环保公益项目,立足于社区黑臭河的生态治理和维护,并深入社区、学校开展水环境保护知识宣传教育活动,在无锡地区已经取得了相当不俗的成绩。

四、 持之以恒：推进水环境保护公众参与

2007 至今,南京市建邺区莫愁生态环境保护协会（以下简称"莫愁生态环保协会"）一直坚持开展水环境保护工作,也是国内最早使用民间河长的 NGO 之一。

2007 年 6 月,莫愁生态环保协会启动"莫愁河长"项目,开启了南京市莫愁湖公园的民间河长巡湖工作。2010 年编制"莫愁河长"工作手册和作业指导书。2012 以来受江苏省环保宣教中心和南京市环保宣教中心委托,承担了南京市幸福河、工农河等一系列河流的公众监督工作。

"莫愁河长"研讨会　　　　　　　　江苏省公众河湖长

　　2014年莫愁生态环保协会发起建立"莫愁河长"之"江苏省公众河湖长网络",带动和支持全省环保志愿者们联合起来保护河流。通过网络体系,联合众多社会组织,不断汇聚公众力量,使社会组织能够发挥各自的特长,改变以前地域限制、经费短缺、人才匮乏等的不足,推进全省河流环境保护工作。2015年,莫愁生态环保协会开展"江苏省太湖流域水资源管理中的环保组织与公众参与研究",对太湖流域环保社会组织开展多次调研,结合各地机构业务情况,进一步建立和完善了太湖流域公众参与环境监督网络,丰富和发展了江苏省公众河长机制。2015年首批次招募了381名太湖流域"莫愁河长",同年5月,完成首次涉湖河流考察任务,并创建河流档案。河流档案具体包括河流所处的位置、长度等,并根据现场拍摄的河流照片制作PPT。其中的河长手记内容详细、全面,监督指标大类有河流形态、水质状况、河道保洁、水生生物、周边设施等,每一项指标大类进一步细分,视情况打分,给河流定性。"莫愁河

"莫愁河长"向孩子们做宣传

长"既是民间河长监督人,也是河流宣传员。他们就居住在河流周边,平时常在河边走,随时开展沿河居民访谈,了解河道周边是否存在污染源或者污染隐患等,并采用文字加图片的形式记录监督心得。每位"莫愁河长"均配备了河长工具箱、河长手册、河长手记等,用于收集河流数据、记录河流自然状况、周边环境状况以及市民访谈情况等。

"莫愁河长"了解河流情况

截至 2018 年,太湖流域已有 30 多家环保社会组织、800 多人成为太湖流域江苏公众河湖长网络骨干志愿者。

结语

太湖流域发展和保护的经验、教训及十年展望

"为增长而增长乃癌细胞生存之道"。这是 20 世纪美国作家兼自然环境保护学家爱德华·艾比发出的警告。也是上世纪八九十年代苏南经济快速增长伴随着太湖流域水质急剧恶化带给我们的沉痛教训——片面追求经济发展会导致生态灾难。而单纯依靠政府治理则会产生市场失灵和新的政府失灵。"九五"到"十五"期间,政府继续过度关注经济发展,同时又主导太湖治理,这导致最后两个五年规划的阶段性水质目标最终都没有实现。"上帝的归上帝,恺撒的归恺撒"。2007 年以后,唯有从国家到省市,在进一步明晰各个层级以及各部门治太职责的基础上,充分发挥市场手段在环境治理中的作用,并注重培育和建立社会共治体系,政府、市场、社会各负其责、各司其职,才有可能避免种种失灵现象。

纵观苏南经济社会发展和环境治理,可以得出这样的结论:苏南之所以在中国社会经济发展占有重要一席,得益于坚持不懈的改革创新;太湖治理之所以在中国流域治理史上留下浓墨重彩的一笔,也得益于坚持不懈的创新。伴随着苏南社会经济发展变化,治太思路理念体制机制等不断创新,30 多年来一步一个脚印,迈上了新台阶,

取得了明显成效,也创造了很多第一:第一个环保模范城市,第一批
国家生态城市,第一个模范城市和生态城市群,第一批国家绿色保险
试点城市,第一个开展排污权有偿使用和交易的国家试点,第一个在
地方法规里确立"环保优先"原则,第一个建立省市县三级流域管理
机构,第一个创建"河长制",第一个在流域交界断面引入生态补偿
理念,第一个提高全流域污水处理费实现保本有利,第一个建立企业
环境信用评价体系,第一批尝试公众参与圆桌会议模式,等等。这些
首创工作在太湖治理实践中发挥出巨大作用,也为全国流域治理积
累了丰富经验。

2007 年以来,江苏主要在七个方面逐渐探索出一条行之有效的
流域治理之路。一是在体制上努力解决"九龙治水"的弊端。提升
太湖水污染防治委员会领导级别,成立应急处置工作领导小组,设立
专家委员会决策咨询机构,组建太湖水污染治理办公室,专门履行组
织实施和综合监管职能。二是在法规中体现环保优先的准则。修订
了《江苏省太湖水污染防治条例》,从源头杜绝重污染行业的进入,
调高产业门槛。三是在标准中体现环境容量的要求。提高太湖流域
重点行业和城镇污水处理厂地方排放标准,减少污染物排放。四是
在规划中体现团结治太的合力。配套了一系列地区和行业专项治理
规划,整合了各地区各行业治污需求,从规划源头扭转了环保等少数
部门单打独斗的局面。五是在资金上给予强有力的保障。设立了太
湖治理省级专项引导资金,从 2008 年起每年 20 亿财政资金,带动了
全社会超过 2000 亿元的治太投入。六是在政策上更加注重市场机
制的作用。先后实施了排污费差别化征收政策、排污权有偿分配和
交易试点、水环境区域补偿、生态补偿、绿色保险、绿色信贷、环境质
量达标奖励和污染物排放总量挂钩等环境经济政策,恢复环境资源

价值属性、发挥杠杆作用成为新着力点。七是在制度上更加注重厘清责任。建立了河长制、目标责任制、考核、约谈、区域限批和质询以及公众参与等系列制度，解决"三个和尚没水吃"的困境。

太湖流域的实践也揭示了一个道理，单靠政府部门大包大揽发展经济和治理环境，只会事倍功半。今后十年，太湖流域必须以习近平生态文明思想为指引，把习近平生态文明思想的内涵要求转化为具体的实践探索，把习近平生态文明思想描绘的宏伟蓝图转化成美丽太湖的现实景象。必须深入理解"绿水青山就是金山银山"的思想内涵，认真审视经济发展和环境治理的关系，紧紧把握社会经济发展脉搏，致力于环境治理和社会经济发展变革同步，加快构建政府主导、企业为主体、社会组织和公众共同参与的生态环境治理体系。要继续充分发挥政府"看得见的手"的调控作用，同时又要预防这只手成为万能的"上帝之手"；要继续充分发挥"看不见的手"的调节作用，让这只手真正发挥出"无影手"的巨大力量；要继续充分发挥"第三只眼"的监督参与作用，这只眼不仅是火眼金睛，还是未来之眼，是我们工作不断创新的重要源泉。

太湖流域治理，必将在持之以恒的改革创新中，迎来蓝天白云、繁星闪烁，清水绿岸、鱼翔浅底，鸟语花香、田园风光的太湖美丽新时代！

后　记

　　《太湖治理十年纪》是2019年江苏省主题出版重点出版物,也是献礼中华人民共和国成立70周年的重点图书。本书由江苏省生态环境厅牵头组织编撰,省住建、水利、农业农村等部门共同参与编写。省生态环境厅党组对本书编纂高度重视,予以具体指导并审阅文稿。各章撰写分工分别是:引子,王蔚;第一章,夏宁博;第二章,何伶俊、陈天放;第三章,蒋建兴、王泽民;第四章,张建华、殷鹏;第五章,李莉、祝栋林;第六章,李苑;第七章,闫艳;第八章,夏丹、王丹丹;结语:朱玫。统稿:朱玫、王蔚、闫艳、祝栋林。

　　省生态环境厅相关处室、各相关设区市局和分局及有关科研单位提供了编纂资料,省人民出版社等单位也给予了大力支持,在此一并感谢。囿于编者水平有限,且成书匆忙,有些观点可能未详尽标注,恳请专家批评指正。

2019 年 9 月 20 日